特色乳相关标准与规范系列丛书

骆驼乳
相关标准与规范

◎ 刘慧敏　赵艳坤　郑　楠　主编

中国农业科学技术出版社

图书在版编目(CIP)数据

骆驼乳相关标准与规范 / 刘慧敏，赵艳坤，郑楠主编. --北京：中国农业科学技术出版社，2023.10

（特色乳相关标准与规范系列丛书）

ISBN 978-7-5116-6404-4

Ⅰ.①骆…　Ⅱ.①刘…②赵…③郑…　Ⅲ.①骆驼-乳制品-食品标准-中国　Ⅳ.①TS252.59-65

中国国家版本馆 CIP 数据核字（2023）第 158250 号

责任编辑	金　迪
责任校对	贾若妍　李向荣
责任印制	姜义伟　王思文

出 版 者	中国农业科学技术出版社
	北京市中关村南大街 12 号　　邮编：100081
电　　话	（010）82106625（编辑室）　　　（010）82109702（发行部）
	（010）82109709（读者服务部）
网　　址	https://castp.caas.cn
经 销 者	各地新华书店
印 刷 者	北京建宏印刷有限公司
开　　本	185 mm×260 mm　1/16
印　　张	9.5
字　　数	225 千字
版　　次	2023 年 10 月第 1 版　2023 年 10 月第 1 次印刷
定　　价	68.00 元

《骆驼乳相关标准与规范》
编委会

顾　　问：王加启

主　　编：刘慧敏　赵艳坤　郑　楠

副 主 编：张　宁　叶巧燕　郝欣雨　孟　璐　屈雪寅

参编人员：(按姓氏笔画排序)

王　帅　　王　成　　王　涛　　王丽芳　　苏传友

杨　健　　杨亚新　　杨祯妮　　李　珊　　李　琴

伲博学　　迟雪露　　张玉卿　　张仕琦　　张寅生

张瑞瑞　　陈　贺　　陈岭军　　贤　歌　　周淑萍

赵小伟　　赵慧芬　　宫慧姝　　顾海潮　　徐　敏

高亚男　　郭洪侠　　郭梦薇　　郭晨阳　　常　嵘

程明轩　　蔡扩军

前　　言

驼驼乳被称为"沙漠白金"，具有改善高血糖和乳糖不耐症人群症状等多项功能。随着消费者健康意识的日益提高及食品消费能力的提升，我国骆驼乳需求快速增长，骆驼乳及其制品成为乳制品中异军突起的新宠。作为边远地区、少数民族地区或经济落后地区等已脱贫地区的重要特色乡村产业，骆驼乳产业发展事关巩固脱贫攻坚成果和乡村全面振兴。

然而，长期以来市场产品混乱、缺乏质量检测标准越来越成为制约骆驼乳产业发展的关键技术难题。为进一步做好骆驼乳生产标准化工作，中国农业科学院奶业创新团队系统梳理了国内骆驼乳生产相关行业标准、地方标准和团体标准 31 项，包括骆驼乳产品标准、养殖管理规范和产品生产规范 3 个部分，希望为相关从业人员全面了解骆驼乳生产提供一些依据和参考，为提高骆驼乳质量安全水平，规范骆驼乳产业发展提供技术支撑。

本书的出版得到了农业农村部农产品质量安全监管司、农业农村部奶产品质量安全风险评估实验室（北京）、农业农村部奶及奶制品质量监督检验测试中心（北京）、农业农村部奶及奶制品质量安全控制重点实验室和国家奶业科技创新联盟的大力支持，也得到了国内众多领导和专家的帮助和指导，在此一并表示感谢。

编　者

2023 年 7 月

目　　录

一、标准总体解读

（一）骆驼乳标准体系分析

1. 整体情况

截至目前，骆驼乳相关标准共计 31 项，覆盖产品标准、养殖管理规范、产品生产规范 3 个方面。其中，产品标准 24 项、养殖管理规范 2 项、产品生产规范 5 项（图 1-1）。按照标准类型划分，行业标准 3 项、地方标准 14 项、团体标准 12 项、企业标准 2 项（图 1-2）。

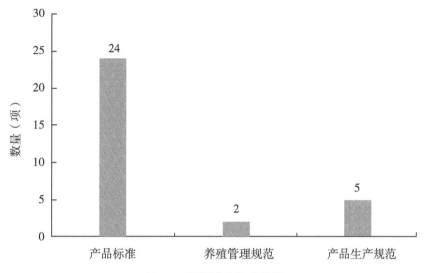

图 1-1　不同内容标准数量

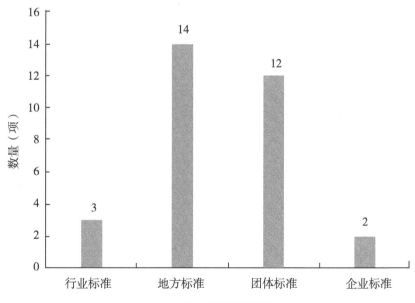

图 1-2　不同类型标准数量

2. 产品标准分析

截至目前，产品标准主要包含生乳标准 6 项、巴氏杀菌乳标准 3 项、灭菌乳标准 4 项、发酵乳标准 4 项、乳粉标准 7 项（图 1-3）。按照标准类型划分，行业标准 3 项、地方标准 14 项、团体标准 7 项（图 1-4）。

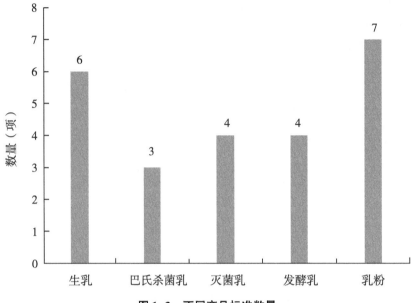

图 1-3　不同产品标准数量

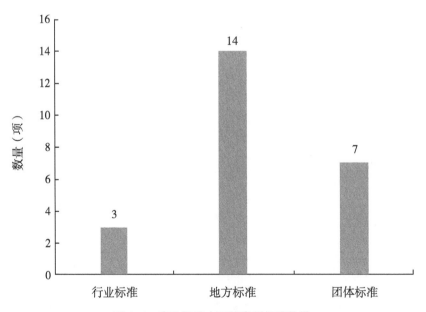

图 1-4　产品标准中不同类型标准数量

3. 养殖管理规范分析

截至目前，共有 2 项养殖管理规范类标准，分别为《乳用骆驼精料补充料》（T/IMAS 045—2022）和《乳用骆驼养殖技术规范》（T/IMAS 044—2022），仅对乳用骆驼的养殖技术和精料补充料进行了规定。

4. 产品生产规范分析

截至目前，共有 5 项产品生产规范类标准，分别为《奶真实性鉴定　实时荧光 PCR 法》（T/TDSTIA 035—2023）、《100%骆驼生乳加工制品的生产、加工与标识要求》（T/TDSTIA 036—2023）、《生鲜驼乳采集规程》（T/IMAS 046—2022）、《生驼乳贮运技术规程》（Q/AFT／001—2022）和《生驼乳生产技术规范》（Q/AFT／002—2022），分别对骆驼乳生产、贮运、真实性鉴定、驼乳产品生产加工标识要求、采样规范等内容进行了规定。

（二）我国生驼乳标准各指标对比

我国现阶段发布的生驼乳标准有中国乳制品工业行业标准 RHB 900—2017、内蒙古自治区地方标准 DBS 15/015—2019、新疆维吾尔自治区地方标准 DBS 65/010—2017 和 DBS 65/010—2023、团体标准 T/TDSTIA 034—2023、团体标准 T/CAAA 007—2019 共 6 项（表 1-1）。其中，DBS 65/010—2023 将替代 DBS 65/010—2017，自 2023 年 12 月 20 日开始实施。

表 1-1　我国生驼乳产品标准

序号	类型	标准号	标准名称	发布单位	发布时间	实施日期
1	行业标准	RHB 900—2017	生驼乳	中国乳制品工业行业标准	2017 年 3 月 12 日	2017 年 3 月 12 日
2	地方标准	DBS 15/015—2019	生驼乳	内蒙古自治区卫生健康委员会	2019 年 5 月 20 日	2019 年 6 月 1 日
3	地方标准	DBS 65/010—2017	生驼乳	新疆维吾尔自治区卫生和计划生育委员会	2017 年 7 月 4 日	2017 年 7 月 4 日
4	地方标准	DBS 65/010—2023	生驼乳	新疆维吾尔自治区卫生和计划生育委员会	2023 年 6 月 20 日	2023 年 12 月 20 日
5	团体标准	T/TDSTIA 034—2023	骆驼生乳	天津市奶业科技创新协会	2023 年 8 月 10 日	2023 年 8 月 12 日
6	团体标准	T/CAAA 007—2019	生驼乳	中国畜牧业协会	2019 年 1 月 7 日	2019 年 1 月 7 日

从名称上看，除天津市奶业科技创新协会的团体标准 T/TDSTIA 034—2023 中规定的产品名称为骆驼生乳外，其余标准名称均为生驼乳。

从内容上看，RHB 900—2017、DBS 65/010—2017、DBS 65/010—2023 包含范围、规范性引用文件、术语和定义、技术要求（包括感官要求、理化指标、污染物限量、真菌毒素限量、微生物限量、农药残留限量、兽药残留限量）、运输和贮存要求。DBS

15/015—2019、T/TDSTIA 034—2023、T/CAAA 007—2019 包含范围、规范性引用文件、术语和定义、技术要求（感官要求、理化指标、污染物限量、真菌毒素限量、微生物限量、农药残留限量、兽药残留限量），没有包括运输和贮存要求。

1. 定义

RHB 900—2017、DBS 65/010—2017、DBS 15/015—2019、DBS 65/010—2023、T/TDSTIA 034—2023、T/CAAA 007—2019 均给出了生驼乳的相关定义。

值得注意的是，6 项标准关于生驼乳产奶对象的表述不尽相同。RHB 900—2017 中规定生驼乳是从符合国家有关要求的健康奶驼乳房中挤出的无任何成分改变的常乳，产驼羔后 30 天内的乳、应用抗生素期间和休药期间的乳汁、变质乳，不应用作生乳。DBS 65/010—2017 中规定生驼乳是从正常饲养的、经检疫合格的无传染病和乳房炎的健康母驼乳房中挤出的无任何成分改变的常乳，产驼羔后 30 天内的乳、应用抗生素期间和休药期间的乳汁、变质乳不应用作生乳。DBS 15/015—2019 中强调了双峰驼，规定生驼乳是从符合国家有关要求的健康双峰驼乳房中挤出的无任何成分改变的常乳，产犊后 7 天内的初乳、应用抗生素期间和休药期间的乳汁、变质乳不应用作生驼乳。修订后的 DBS 65/010—2023 中删掉了双峰驼的表述，将 2019 版标准中"从符合国家有关要求的健康双峰驼乳房"修改为"从正常饲养的、经检疫合格的无传染病和乳房炎的健康母驼乳房"。T/TDSTIA 034—2023 规定生驼乳是从健康泌乳期的骆驼乳房中挤出的无任何提取或添加的常乳，产犊后 7 天内的初乳、应用抗生素期间和休药期间的乳汁、变质乳不应用作骆驼生乳，强调了健康泌乳期的概念。T/CAAA 007—2019 较为简单，仅规定生驼乳是从符合国家有关要求的健康骆驼乳房中挤出的无任何成分改变的常乳。

2. 范围

RHB 900—2017 规定了生驼乳的术语和定义、技术要求、运输和贮存，适用于生驼乳，不适用于即食生驼乳。DBS 65/010—2017、DBS 15/015—2019 和 DBS 65/010—2023 只提到适用于生驼乳，不适用于即食生驼乳。T/CAAA 007—2019 规定了生驼乳的技术要求，适用于生驼乳，但是未提到不适用于即食骆驼生乳。T/TDSTIA 034—2023 规定了骆驼生乳的术语和定义、技术要求，适用于骆驼生乳，不适用于即食骆驼生乳。

3. 技术要求

RHB 900—2017、DBS 65/010—2017、DBS 15/015—2019、DBS 65/010—2023、T/TDSTIA 034—2023、T/CAAA 007—2019 均规定了技术要求，且表述基本一致。6 个生驼乳标准均包含感官要求、理化指标、污染物及限量、真菌毒素及限量、微生物及限量、农药残留及限量、兽药残留及限量 7 个部分。

（1）感官要求

6 个标准均规定了色泽、滋味和气味、组织状态等感官指标，只是在表述上有所不同。

在色泽指标上，DBS 15/015—2019 和 T/CAAA 007—2019 规定要求呈乳白色。DBS 65/010—2017 和 DBS 65/010—2023 在此基础上，增加了"不附带其他异常颜色"的要求。T/TDSTIA 034—2023 与 RHB 900—2017 表述一致，为呈乳白色或微黄色。

在滋味和气味上，RHB 900—2017、DBS 65/010—2017、DBS 15/015—2019、DBS 65/010—2023、T/TDSTIA 034—2023 表述基本一致，强调了"驼乳固有的香味和甜味"。T/CAAA 007—2019 中表述为具有乳固有的香味和甜味，无异味。

在组织状态上，DBS 65/010—2017、DBS 15/015—2019、DBS 65/010—2023、T/TDSTIA 034—2023、T/CAAA 007—2019 表述一致，表述为呈均匀一致的液体，无凝块、无沉淀、无正常视力可见异物。RHB 900—2017 表述略有出入，在"无正常视力可见杂质"后强调了"或其他异物"。

（2）理化指标及限量值

生驼乳理化指标共计 6 项，包括相对密度、蛋白质含量、脂肪含量、非脂乳固体、杂质度、酸度等（表1-2）。

蛋白质是驼乳中的主要营养成分，主要包括乳清蛋白和酪蛋白。酪蛋白成分主要是 β-酪蛋白，约占总酪蛋白的 65%，其次是 α_{S1}-酪蛋白（21%）、α_{S2}-酪蛋白（9.5%）和低浓度 κ-酪蛋白（3.5%）。脂肪通常在乳中以脂肪球状态存在，驼乳脂肪含量在 1.2%~6.4% 之间，平均为 3.5%~1.0%。与其他反刍动物相比，驼乳脂肪球（2.99μm）较小，更易被吸收。

杂质度是生乳中含有杂质的量，也是衡量生乳卫生情况的重要指标之一。生驼乳中的杂质大多来源于挤奶过程中掉入的漂浮物，只要加强管理，基本都能排除。非脂乳固体是指生乳中除了脂肪和水分之外的物质的总称。生驼乳中非脂乳固体主要包括蛋白质类、糖类、盐类、酸类、维生素等。从表 2 中可以看出，RHB 900—2017、DBS 65/010—2017、DBS 15/015—2019、DBS 65/010—2023、T/TDSTIA 034—2023、T/CAAA 007—2019 均规定了相对密度、蛋白质含量、脂肪含量、非乳脂固体、杂质度和酸度指标。

①相对密度

6 个生驼乳产品标准关于相对密度的差别较大。RHB 900—2017 规定生驼乳相对密度指标（20℃/4℃）为 ≥1.027。DBS 65/010—2017、DBS 15/015—2019 和 T/CAAA 007—2019 规定相对密度指标（20℃/4℃）为 ≥1.028。DBS 65/010—2023 规定相对密度指标（20℃/20℃）为 ≥1.030。T/TDSTIA 034—2023 规定相对密度指标（20℃/20℃）为 ≥1.027。

②蛋白质

T/TDSTIA 034—2023 中规定蛋白质指标值为 ≥3.3 g/100g。RHB 900—2017、DBS 65/010—2017、DBS 65/010—2023 中规定生驼乳的蛋白质指标值为 ≥3.5 g/100g。T/CAAA 007—2019 中规定双峰驼乳蛋白质指标值为 ≥3.5 g/100g，单峰驼乳蛋白质指标值为 ≥3.4 g/100g。DBS 15/015—2019 中规定的蛋白质指标值最高，为 ≥3.7 g/100g。

③脂肪

T/TDSTIA 034—2023 中规定脂肪指标值为 ≥3.5 g/100g。DBS 65/010—2017、DBS 15/015—2019、DBS 65/010—2023、T/CAAA 007—2019 中规定脂肪指标值为 ≥4.0 g/100g。RHB 900—2017 中规定的生驼乳中脂肪指标值最高，为 ≥5.0 g/100g。

骆驼乳相关标准与规范

表1-2 生驼乳标准理化指标及限量值

指标	RHB 900—2017	DBS 65/010—2017	DBS 15/015—2019	DBS 65/010—2023	T/TDSTIA 034—2023	T/CAAA 007—2019
相对密度	≥1.027	≥1.028 (20℃/4℃)	≥1.028 (20℃/4℃)	≥1.030 (20℃/20℃)	≥1.027 (20℃/20℃)	≥1.028 (20℃/4℃)
蛋白质/(g/100g)	≥3.5	≥3.5	≥3.7	≥3.5	≥3.3	双峰驼乳≥3.5 单峰驼乳≥3.4
脂肪/(g/100g)	≥5.0	≥4.0	≥4.0	≥4.0	≥3.5	≥4.0
非乳脂固体/(g/100g)	≥8.5	≥8.5	≥8.5	≥8.5	≥8.1	≥8.5
杂质度	≤4.0 (mg/kg)	≤4.0 (mg/kg)	≤4.0 (mg/kg)	≤4.0 (mg/kg)	≤4.0 (mg/L)	≤4.0 (mg/kg)
酸度/°T	16~24	16~24	16~24	16~24	16~24	16~24

④ 非脂乳固体

T/TDSTIA 034—2023 中规定非脂乳固体指标值为≥8.1 g/100g。RHB 900—2017、DBS 65/010—2017、DBS 15/015—2019、DBS 65/010—2023、T/CAAA 007—2019 中规定的非脂乳固体指标值为≥8.5 g/100g。

⑤杂质度

杂质度标准中的差异主要体现在单位表述上。HB 900—2017、DBS 65/010—2017、DBS 15/015—2019、DBS 65/010—2023、T/CAAA 007—2019 中规定杂质度指标值为≤4.0 mg/kg。T/TDSTIA 034—2023 中规定杂质度指标值为≤4.0 mg/L。

⑥酸度

RHB 900—2017、DBS 65/010—2017、DBS 15/015—2019、DBS 65/010—2023、T/TDSTIA 034—2023、T/CAAA 007—2019 中均规定酸度指标值为16°T~24°T。

4. 污染物及限量

6 个标准中，除 DBS 65/010—2017 明确指出了污染物限量指标值，分别为铅含量应≤0.05 mg/kg，总汞含量应符合≤0.01 mg/kg，总砷含量应符合≤0.1 mg/kg，铬含量应符合≤0.3 mg/kg，亚硝酸盐含量应符合≤0.4 mg/kg。其余 5 项标准均规定生驼乳中污染物限量应符合 GB 2762 的要求。

5. 真菌毒素及限量

在我国，霉菌毒素已成为影响生乳质量安全的重要风险因子，而黄曲霉毒素 M_1 是乳中唯一规定了安全限量的霉菌毒素。RHB 900—2017、DBS 15/015—2019、DBS 65/010—2023、T/TDSTIA 034—2023、T/CAAA 007—2019 规定生驼乳黄曲霉毒素 M_1 应符合 GB 2761 的规定。DBS 65/010—2017 规定生驼乳黄曲霉毒素 M_1 指标值应≤0.4 mg/kg。GB 2761—2005《食品中真菌毒素限量》、GB 2761—2011《食品安全国家标准　食品中真菌毒素限量》和 GB 2761—2017《食品安全国家标准　食品中真菌毒素限量》规定鲜乳中黄曲霉毒素 M_1 的限量值≤0.5 μg/kg。

6. 微生物及限量

RHB 900—2017、DBS 65/010—2017、DBS 15/015—2019、DBS 65/010—2023、T/TDSTIA 034—2023、T/CAAA 007—2019 要求较为一致，均规定菌落总数检验方法应符合 GB 4789.2 中的要求，菌落总数指标值应≤2×10^6 CFU/g（mL）。

7. 农药残留及限量

为防治体外寄生虫，牧场一般会使用大量药物，这些药物通过在动物体内积累，可在乳汁中产生二级毒性。RHB 900—2017、DBS 65/010—2017、DBS 15/015—2019、DBS 65/010—2023、T/TDSTIA 034—2023、T/CAAA 007—2019 规定农药残留及限量应符合 GB 2763 及国家有关规定和公告。

8. 兽药残留及限量

RHB 900—2017、DBS 65/010—2017、DBS 15/015—2019、T/TDSTIA 034—2023、T/CAAA 007—2019 规定兽药残留及限量应符合国家有关规定和公告。DBS 65/010—2023 规定兽药残留及限量应符合 GB 31650 及国家有关规定和公告。

二、产品标准

【行业标准】

生驼乳
Raw camel milk

标 准 号：RHB 900—2017

发布日期：2017-03-12   实施日期：2017-03-12

发布单位：中国乳制品工业协会

前　言

驼乳是我国特种乳资源，其干物质含量高，营养物质丰富，为发挥和有效利用驼乳的资源优势，引导和规范驼乳产业的健康发展，特制定本标准。

本标准按照 GB/T1.1—2009 的编写规则起草。

本标准由中国乳制品工业协会提出并归口。

本标准由新疆金驼投资股份有限公司起草。

本标准主要起草人：赵维良，张明，葛绍阳，海彦禄。

生驼乳

1 范围

本规范规定了生驼乳的术语和定义、技术要求、运输和贮存。

本规范适用于生驼乳，不适用于即食生驼乳。

2 规范性引用文件

下列文件对于本文件的应用是必不可少的，凡是注日期的引用文件，仅注日期的版本适用于本文件，凡是不注日期的引用文件，其最新版本（包括所有的修改单）适用于本文件。

GB 2761 食品安全国家标准 食品中真菌毒素限量

GB 2762 食品安全国家标准 食品中污染物限量

GB 2763 食品安全国家标准 食品中农药最大残留限量

GB 4789.2 食品安全国家标准 食品微生物学检验 菌落总数测定

GB 5009.5 食品安全国家标准 食品中蛋白质的测定

GB 5413.3 食品安全国家标准 婴幼儿食品和乳品中脂肪的测定

GB 5413.30 食品安全国家标准 乳和乳制品杂质度的测定

GB 5413.33 食品安全国家标准 生乳相对密度的测定

GB 5413.34 食品安全国家标准 乳和乳制品酸度的测定

GB 5413.39 食品安全国家标准 乳和乳制品中非脂乳固体的测定

3 术语和定义

3.1 生驼乳 raw camel milk

从符合国家有关要求的健康奶驼乳房中挤出的无任何成分改变的常乳，产驼羔后30天内的乳、应用抗生素期间和休药期间的乳汁、变质乳不应用作生乳。

4 技术要求

4.1 感官要求

应符合表1的规定。

表1 感官要求

项目	要求	检验方法
色泽	呈乳白色或微黄色	取适量试样置于50mL烧杯中，在自然光下观察色泽和组织状态。闻其气味，用温开水漱口，品尝滋味
滋味、气味	具有驼乳固有的香味和甜味，无异味	
组织状态	呈均匀一致的液体，无凝块、无沉淀、无正常视力可见杂质或其他异物	

4.2 理化指标

应符合表 2 的规定。

表 2 理化指标

项目		指标	检验方法
相对密度/（20℃/4℃）	≥	1.027	GB 5413.33
蛋白质/（g/100g）	≥	3.5	GB 5009.5
脂肪/（g/100g）	≥	5.0	GB 5413.3
非脂乳固体/（g/100g）	≥	8.5	GB 5413.39
杂质度/（mg/kg）	≤	4.0	GB 5413.30
酸度/°T		16~24	GB 5413.34

4.3 污染物限量

应符合 GB 2762 的规定。

4.4 真菌毒素限量

应符合 GB 2761 的规定。

4.5 微生物限量

应符合表 3 的规定。

表 3 微生物限量

等级		指标	检验方法
菌落总数/［CFU/g（mL）］	≤	2×10^6	GB 4789.2

4.6 农药残留限量和兽药残留限量

4.6.1 农药残留限量应符合 GB 2763 及国家有关规定和公告。

4.6.2 兽药残留限量应符合国家有关规定和公告。

5 运输和贮存

生驼乳的运输和贮存应于密闭、洁净、经过消毒的保温奶槽车或符合食品安全要求的容器中，贮存温度为 2~6℃。

发酵驼乳
Fermented camel milk

标 准 号：RHB 902—2017
发布日期：2017-03-12   实施日期：2017-03-12
发布单位：中国乳制品工业协会

前　　言

　　驼乳是我国特种乳资源，其干物质含量高，营养物质丰富，为发挥和有效利用驼乳的资源优势，引导和规范驼乳产业的健康发展，特制定本标准。

　　本标准按照 GB/T1.1—2009 的编写规则起草。

　　本标准由中国乳制品工业协会提出并归口。

　　本标准由新疆金驼投资股份有限公司负责起草。

　　本标准主要起草人：赵维良，张明，葛绍阳，海彦禄。

发酵驼乳

1 范围

本标准规定了发酵驼乳的术语和定义、技术要求、生产加工过程的卫生要求、标志、包装、运输和贮存。

本标准适用于全脂、部分脱脂和脱脂发酵驼乳。

2 规范性引用文件

下列文件对于本文件的应用是必不可少的，凡是注日期的引用文件，仅注日期的版本适用于本文件，凡是不注日期的引用文件，其最新版本（包括所有的修改单）适用于本文件。

GB/T 191	包装储运图示标志
GB 2760	食品安全国家标准 食品添加剂使用标准
GB 2761	食品安全国家标准 食品中真菌毒素限量
GB 2762	食品安全国家标准 食品中污染物限量
GB 4789.1	食品安全国家标准 食品微生物学检验 总则
GB 4789.3	食品安全国家标准 食品微生物学检验 大肠菌群计数
GB 4789.4	食品安全国家标准 食品微生物学检验 沙门氏菌检验
GB 4789.10	食品安全国家标准 食品微生物学检验 金黄色葡萄球菌检验
GB 4789.15	食品安全国家标准 食品微生物学检验 霉菌和酵母计数
GB 4789.18	食品安全国家标准 食品微生物学检验 乳与乳制品检验
GB 4789.35	食品安全国家标准 食品微生物学检验 乳酸菌检验
GB 5009.5	食品安全国家标准 食品中蛋白质的测定
GB 5413.3	食品安全国家标准 婴幼儿食品和乳品中脂肪的测定
GB 5413.34	食品安全国家标准 乳和乳制品中酸度的测定
GB 5413.39	食品安全国家标准 乳和乳制品中非脂乳固体的测定
GB 7718	食品安全国家标准 预包装食品标签通则
GB 12693	食品安全国家标准 乳制品企业良好的生产规范
GB 14880	食品安全国家标准 食品营养强化剂使用标准
GB 28050	食品安全国家标准 预包装食品营养标签通则
RHB-901	生驼乳
JJF 1070	定量包装商品净含量计量检验规则

国家质量监督检验检疫总局令〔2005〕第 75 号《定量包装商品计量监督管理办法》

3 术语和定义

3.1 发酵驼乳 fermented camel milk

以生驼乳或复原驼乳为原料，经杀菌、接种发酵剂发酵后制成的 pH 值降低的产品。

3.1.1 酸驼乳 camel yoghurt

以生驼乳或复原驼乳为原料，经杀菌、接种嗜热链球菌和保加利亚乳杆菌（德氏乳杆菌保加利亚亚种）发酵等工艺制成的产品。

3.2 风味发酵驼乳 flavored fermented camel milk

以不低于80%生驼乳、复原驼乳为主要原料，全脂、部分脱脂或脱脂，添加其他原料，经杀菌、接种发酵剂发酵后 pH 值降低，发酵前或后添加或不添加食品添加剂、营养强化剂、果蔬、谷物等制成的产品。

3.2.1 风味酸驼乳 flavored camel yoghurt

以不低于80%生驼乳、复原驼乳为主要原料，全脂、部分脱脂或脱脂，添加其他原料，经杀菌、接种嗜热链球菌和保加利亚乳杆菌（德氏乳杆菌保加利亚亚种），发酵前或后添加或不添加食品添加剂、营养强化剂、果蔬、谷物等制成的产品。

4 技术要求

4.1 原料要求

4.1.1 生驼乳：应符合 RHB 900—2017 的规定。

4.1.2 复原驼乳：以驼乳粉为原料，经复原而得。

4.1.3 其他原料：应符合相应安全标准和/或有关规定。

4.1.4 发酵菌种：保加利亚乳杆菌（德氏乳杆菌保加利亚亚种）、嗜热链球菌或其他由国务院卫生行政部门批准使用的菌种。

4.2 感官要求

应符合表1的规定。

表 1 感官要求

项目	要求		检验方法
	发酵驼乳	风味发酵驼乳	
色泽	色泽均匀一致，呈乳白色或微黄色	具有与添加成分相符的色泽	取适量试样于50mL烧杯中，在自然光下观察色泽和组织状态。闻其气味，用温开水漱口，品尝滋味
滋味、气味	具有发酵驼乳特有的滋味、气味	具有与添加成分相符的滋味和气味	
组织状态	组织细腻、均匀，允许有少量乳清析出；风味发酵驼乳具有添加成分特有的组织状态		

4.3 理化指标

应符合表2的规定。

表 2　理化指标

项目	指标						检验方法
	发酵驼乳			风味发酵驼乳			
	全脂	部分脱脂	脱脂	全脂	部分脱脂	脱脂	
脂肪/（g/100g）	≥5.0	0.6~4.0	≤0.5	≥4.0	0.5~3.3	≤0.4	GB 5413.3
蛋白质/（g/100g）　≥	3.5			2.8			GB 5009.5
非脂乳固体/（g/100g）≥	8.5			—			GB 5413.39
酸度/°T　　　≥	70						GB 5413.34

4.4　污染物限量

应符合 GB 2762 的规定。

4.5　真菌毒素限量

应符合 GB 2761 的规定。

4.6　微生物限量

应符合表 3 的规定。

表 3　微生物限量

项目	采样方案[a] 及限量（若非指定，均以 CFU/g 或 CFU/mL 表示）				检验方法
	n	c	m	M	
大肠菌群	5	2	1	5	GB 4789.3 平板计数法
金黄色葡萄球菌	5	0	0 /25g（mL）	—	GB 4789.10 定性检验
沙门氏菌	5	0	0 /25g（mL）	—	GB 4789.4
酵母　　≤	100				GB 4789.15
霉菌　　≤	30				

[a]样品的分析及处理按 GB 4789.1 和 GB 4789.18 执行。

4.7　乳酸菌数

应符合表 4 的规定。

表 4　乳酸菌数

项目	限量/［CFU/g（mL）］	检验方法
乳酸菌数[a]　　≥	$1×10^6$	GB 4789.35

[a]发酵后经热处理的产品对乳酸菌数不作要求。

4.8　食品添加剂和营养强化剂

4.8.1　食品添加剂和营养强化剂的使用应符合 GB 2760、GB 14880 的规定。

4.8.2　食品添加剂和营养强化剂的质量应符合相应的安全标准和有关规定。

4.9 净含量及其检验

应符合《定量包装商品计量监督管理办法》的规定，净含量检验按 JJF 1070 的规定执行。

5 生产加工过程的卫生要求

应符合 GB 12693 的规定。

6 标志、包装、运输和贮存

6.1 标志

6.1.1 产品标签标示应符合 GB 7718 和 GB 28050 的规定，外包装标志应符合 GB/T 191 的规定。

6.1.2 产品名称应标为"发酵驼乳/奶"或"酸驼乳/奶"，"××风味发酵驼乳/奶"或"××风味酸驼乳/奶"。

6.1.3 全部用驼乳粉生产的产品应在产品名称紧邻部位标明"复原驼乳/奶"；在生驼乳中添加部分驼乳粉生产的产品应在产品名称紧邻部位标明或"含××%复原驼乳/奶"。

注："含××%"是指所添加驼乳粉占产品中全乳固体的质量分数。

6.2 包装

产品应采用符合安全标准的包装材料包装。

6.3 运输和贮存

6.3.1 贮存场所及运输工具应清洁、卫生、干燥，防止日晒、雨淋，不得与有毒、有害、有异味或影响产品质量的物品同库存放或混装运输。

6.3.2 未杀菌（活菌）型产品需要冷藏，运输和贮存的温度为 2~6℃。

6.3.3 产品保质期由生产企业根据包装材质、工艺条件自行确定。

驼乳粉
Camel milk powder

标 准 号：RHB 903—2017
发布日期：2017-03-12　　　　　　　　　**实施日期：2017-03-12**
发布单位：中国乳制品工业协会

前　　言

　　驼乳是我国特种乳资源，其干物质含量高，营养物质丰富，为发挥和有效利用驼乳的资源优势，引导和规范驼乳产业的健康发展，特制定本标准。

　　本标准按照 GB/T1.1—2009 的编写规则起草。

　　本标准由中国乳制品工业协会提出并归口。

　　本标准由新疆金驼投资股份有限公司负责起草。

　　本标准主要起草人：赵维良，张明，葛绍阳，海彦禄。

驼乳粉

1 范围

本标准规定了驼乳粉的术语和定义、技术要求、生产加工过程的卫生要求、标志、包装、运输和贮存。

本标准适用于全脂、脱脂、部分脱脂驼乳粉和调制驼乳粉。

2 规范性引用文件

GB/T 191　　包装储运图示标志

GB 2760　　食品安全国家标准　食品添加剂使用标准

CB 2761　　食品安全国家标准　食品中真菌毒素限量

GB 2762　　食品安全国家标准　食品中污染物限量

GB 4789.1　　食品安全国家标准　食品微生物学检验　总则

CB 4789.2　　食品安全国家标准　食品微生物学检验　菌落总数测定

GB 4789.3　　食品安全国家标准　食品微生物学检验　大肠菌群计数

GB 4789.4　　食品安全国家标准　食品微生物学检验　沙门氏菌检验

GB 4789.10　　食品安全国家标准　食品微生物学检验　金黄色葡萄球菌检验

GB 4789.18　　食品安全国家标准　食品微生物学检验　乳与乳制品检验

GB 5009.3　　食品安全国家标准　食品中水分的测定

GB 5009.5　　食品安全国家标准　食品中蛋白质的测定

GB 5413.3　　食品安全国家标准　婴幼儿食品和乳品中脂肪的测定

GB 5413.30　　食品安全国家标准　乳和乳制品中杂质度的测定

GB 5413.34　　食品安全国家标准　乳和乳制品中酸度的测定

GB 7718　　食品安全国家标准　预包装食品标签通则

CB 12693　　食品安全国家标准　乳制品企业良好的生产规范

GB 14880　　食品安全国家标准　食品营养强化剂使用标准

GB 28050　　食品安全国家标准　预包装食品营养标签通则

RHB 900　　生驼乳

JJF 1070　　定量包装商品净含量计量检验规则

国家质量监督检验检疫总局令〔2005〕第 75 号《定量包装商品计量监督管理办法》

3 术语和定义

3.1 驼乳粉 camel milk powder

以生驼乳为原料，全脂、脱脂或部分脱脂，经杀菌、浓缩、干燥等工艺制成的粉状产品。

3.2 调制驼乳粉 formulated camel milk powder

以生驼乳或其加工制品为主要原料，添加其他原料，添加或不添加食品添加剂和营养强化剂，经干法工艺或湿法工艺加工制成的驼乳固体含量不低于70%的粉状产品。

4 技术要求

4.1 原料要求

4.1.1 生驼乳：应符合 RHB 900 的规定。

4.1.2 其他原料：应符合相应的安全标准和/或有关规定。

4.2 感官要求

应符合表1的规定。

表1 感官要求

项目	要求		检验方法
	驼乳粉	调制驼乳粉	
色泽	呈均匀一致的乳白色或微黄色	具有应有的色泽	取适量试样置于 50mL 烧杯中，在自然光下观察色泽和组织状态，闻其气味，用温开水漱口，品尝滋味
滋味、气味	具有纯正的驼乳香味	具有应有的滋味、气味	
组织状态	干燥、均匀的粉末，无结块		

4.3 理化指标

应符合表2规定。

表2 理化指标

项目	指标				检验方法
	全脂驼乳粉	部分脱脂驼乳粉	脱脂驼乳粉	调制驼乳粉	
脂肪/%	≥31.0	6.0~28.0	≤5.0	—	GB 5413.3
蛋白质/% ≥	非脂乳固体ª 的 36			16.5	GB 5009.5
复原乳酸度/°T ≤	18			—	GB 5413.34
杂质度/（mg/kg）≤	16			—	GB 5413.30
水分/% ≤	5.0				GB 5009.3

ª 非脂乳固体（%）= 100（%）-脂肪（%）-水分（%）。

4.4 污染物限量

应符合 GB 2762 的规定。

4.5 真菌毒素限量

应符合 GB 2761 的规定。

4.6 微生物限量

应符合表 3 的规定。

表 3　微生物限量

项目	采样方案[a] 及限量（若非指定，均以 CFU/g 表示）				检验方法
	n	c	m	M	
菌落总数[b]	5	2	50 000	200 000	GB 4789.2
大肠菌群	5	1	10	100	GB 4789.3 平板计数法
金黄色葡萄球菌	5	2	10	100	GB 4789.10 定性检验
沙门氏菌	5	0	0/25g	—	GB 4789.4

[a] 样品的分析及处理按 GB 4789.1 和 GB 4789.18 执行。

[b] 不适用于添加活性菌种（好氧或兼性厌氧益生菌）的产品。

4.7 食品添加剂和营养强化剂

4.7.1 食品添加剂和营养强化剂的使用应符合 GB 2760 和 GB 14880 的规定。

4.7.2 食品添加剂和营养强化剂的质量应符合相应的安全标准和有关规定。

4.8 净含量及其检验

应符合《定量包装商品计量监督管理办法》的规定，净含量检验按 JJF 1070 的规定执行。

5 生产加工过程的卫生要求

应符合 GB 12693 的规定。

6 标志、包装、运输和贮存

6.1 标志

产品标签标示应符合 GB 7718 和 GB 28050 的规定，外包装标志应符合 GB/T 191 的规定。

6.2 包装

产品的包装容器与材料应符合相应的安全标准和有关规定。

6.3 运输和贮存

6.3.1 贮存场所及运输工具应清洁、卫生、干燥，防止日晒、雨淋，不应与有毒、有害、有异味或影响产品质量的物品同库存放或混装运输。

6.3.2 产品堆放时必须有垫板，与地面距离 10cm 以上，与墙壁距离 20cm 以上。

6.3.3 保质期

产品保质期由生产企业根据包装材质、工艺条件自行确定。

【地方标准】

食品安全地方标准
生驼乳

标 准 号：**DBS 65/010—2017**

发布日期：**2017-07-04**   实施日期：**2017-07-04**

发布单位：新疆维吾尔自治区卫生和计划生育委员会

前　　言

本标准由新疆维吾尔自治区卫生和计划生育委员会提出。

本标准起草单位：乌鲁木齐市奶业协会、新疆维吾尔自治区乳品质量监测中心、乌鲁木齐市动物疾病控制与诊断中心、新疆旺源驼奶实业有限公司、新疆骆甘霖生物有限公司、新疆金驼投资股份有限公司。

本标准主要起草人：徐敏、何晓瑞、李景芳、陆东林、叶东东、蔡扩军、王涛、杨小亮。

本标准为首次发布。

食品安全地方标准 生驼乳

1 范围

本标准适用于生驼乳，不适用于即食生驼乳。

2 规范性引用文件

本标准中引用的文件对于本标准的应用是必不可少的。凡是注日期的引用文件，仅所注日期的版本适用于本标准。凡是不注日期的引用文件，其最新版本（包括所有的修改单）适用于本标准。

3 术语和定义

3.1 生驼乳

从正常饲养的、经检疫合格的无传染病和乳房炎的健康母驼乳房中挤出的无任何成分改变的常乳，产驼羔后30天内的乳、应用抗生素期间和休药期间的乳汁、变质乳不应用作生乳。

4 技术要求

4.1 感官要求

应符合表1的规定。

表1 感官要求

项目	要求	检验方法
色泽	呈乳白色，不附带其他异常颜色	取适量试样置于50mL烧杯中，在自然光下观察色泽和组织状态。闻其气味，用温开水漱口，品尝滋味
滋味、气味	具有驼乳固有的香味、甜味，无异味	
组织状态	呈均匀一致液体，无凝块、无沉淀、无正常视力可见异物	

4.2 理化指标

应符合表2的规定。

表2 理化指标

项目		指标	检验方法
相对密度/（20℃/4℃）	≥	1.028	GB 5413.33
蛋白质/（g/100g）	≥	3.5	GB 5009.5
脂肪/（g/100g）	≥	4.0	GB 5009.6
非脂乳固体/（g/100g）	≥	8.5	GB 5413.39
杂质度/（mg/kg）	≤	4.0	GB 5413.30
酸度/°T		16~24	GB 5009.239

4.3 污染物限量和真菌毒素限量

应符合表3规定。

表3　污染物限量和真菌毒素限量

项目		指标	检验方法
铅（以 Pb 计）／（mg/kg）	≤	0.05	GB 5009.12
总汞（以 Hg 计）／（mg/kg）	≤	0.01	GB 5009.17
总砷（以 As 计）／（mg/kg）	≤	0.1	GB 5009.11
铬（以 Cr 计）／（mg/kg）	≤	0.3	GB 5009.123
亚硝酸盐（以 $NaNO_2$ 计）／（mg/kg）	≤	0.4	GB 5009.33
黄曲霉毒素 M_1／（μg/kg）	≤	0.5	GB 5009.24

4.4 微生物限量

应符合表4的规定。

表4　微生物限量

项目		限量／〔CFU/g（mL）〕	检验方法
菌落总数	≤	2×10^6	GB 4789.2

4.5 农药残留限量和兽药残留限量

4.5.1　农药残留量应符合 GB 2763 及国家有关规定和公告。

4.5.2　兽药残留量应符合国家有关规定和公告。

5 其他

5.1　奶畜养殖者对挤奶设施、生鲜乳贮存设施应当及时清洗、消毒，避免对生鲜乳造成污染，生鲜驼乳的挤奶、冷却、贮存、交收过程的卫生要求应符合 GB 12693、《乳品质量安全监督管理条例》《新疆维吾尔自治区奶业条例》的规定。

食品安全地方标准
生驼乳

标 准 号：**DBS 15/015—2019**

发布日期：**2019-05-20**　　　　　　　　实施日期：**2019-06-01**

发布单位：**内蒙古自治区卫生健康委员会**

食品安全地方标准
生驼乳

1 范围

本标准适用于生驼乳,不适用于即食生驼乳。

2 术语和定义

2.1 生驼乳

从符合国家有关要求的健康双峰驼乳房中挤出的无任何成分改变的常乳。产犊后 7 天内的初乳、应用抗生素期间和休药期间的乳汁、变质乳不应用作生驼乳。

3 技术要求

3.1 感官要求

感官要求应符合表 1 的规定。

表 1　感官要求

项目	要求	检验方法
色泽	呈乳白色	取适量试样置于 50mL 烧杯中,在自然光下观察其色泽和组织状态,闻其气味,用温开水漱口,品尝其滋味
滋味、气味	具有驼乳固有的香味,无异味	
组织状态	呈均匀一致液体,无凝块、无沉淀、无正常视力可见异物	

3.2 理化指标

理化指标应符合表 2 的规定。

表 2　理化指标

项目		指标	检验方法
相对密度/（20℃/4℃）	≥	1.028	GB 5009.2
蛋白质/（g/100g）	≥	3.7	GB 5009.5
脂肪/（g/100g）	≥	4.0	GB 5009.6
杂质度/（mg/kg）	≤	4.0	GB 5413.30
非脂乳固体/（g/100g）	≥	8.5	GB 5413.39
酸度/°T		16~24	GB 5009.239

3.3 污染物限量

污染物限量应符合 GB 2762 中乳及乳制品的规定。

3.4 真菌毒素限量

真菌毒素限量应符合 GB 2761 中乳及乳制品的规定。

3.5 微生物限量

微生物限量应符合表 3 的规定。

表 3 微生物限量

项目		限量/（CFU/mL）	检验方法
菌落总数	≤	2×10⁶	GB 4789.2

3.6 农药残留限量和兽药残留限量

3.6.1 农药残留限量应符合 GB 2763 及国家有关规定和公告。

3.6.2 兽药残留限量应符合国家有关规定和公告。

食品安全地方标准
生驼乳

标 准 号：DBS 65/010—2023
发布日期：2023-06-20　　　　　　　　实施日期：2023-12-20
发布单位：新疆维吾尔自治区卫生健康委员会

前　　言

本标准代替 DBS 65/010—2017《食品安全地方标准　生驼乳》。

本标准与 DBS 65/010—2017 相比，主要变化如下：

——删去规范性引用文件；

——修改了污染物限量和真菌毒素限量；

本标准由新疆维吾尔自治区卫生健康委员会提出。

本标准起草单位：乌鲁木齐市奶业协会、新疆畜牧科学院畜牧业质量标准研究所、乌鲁木齐市动物疾病控制与诊断中心、新疆旺源驼奶实业有限公司、新疆骆甘霖乳业有限公司、新疆金驼投资股份有限公司。

参与修订单位（以拼音字母为序）：新疆天宏润生物科技有限公司、新疆驼盟集团有限责任公司、新疆驼源生物科技有限公司、新疆新驼乳业有限公司、新疆中驼生物科技有限公司、乌苏高泉天天乳业有限责任公司。

本标准主要起草人：徐敏、何晓瑞、王涛、郭金喜、朱晓玲、蔡扩军、吴星星、马佳妮、叶东东、李景芳、陆东林。

食品安全地方标准
生驼乳

1 范围

本标准适用于生驼乳，不适用于即食生驼乳。

2 术语和定义

2.1 生驼乳

从正常饲养的、经检疫合格的无传染病和乳房炎的健康母驼乳房中挤出的无任何成分改变的常乳，产驼羔后 30 天内的乳、应用抗生素期间和休药期间的乳汁、变质乳不应用作生乳。

3 技术要求

3.1 感官要求

感官要求应符合表 1 的规定。

表 1 感官要求

项目	要求	检验方法
色泽	呈乳白色，不附带其他异常颜色	取适量试样置于 50mL 烧杯中，在自然光下观察色泽和组织状态。闻其气味，用温开水漱口，品尝滋味
滋味、气味	具有驼乳固有的香味、甜味，无异味	
组织状态	呈均匀一致液体，无凝块、无沉淀、无正常视力可见异物	

3.2 理化指标

理化指标应符合表 2 的规定。

表 2 理化指标

项目		指标	检验方法
相对密度/（20℃/20℃）	≥	1.030	GB 5009.2
蛋白质/（g/100g）	≥	3.5	GB 5009.5
脂肪/（g/100g）	≥	4.0	GB 5009.6
非脂乳固体/（g/100g）	≥	8.5	GB 5413.39
杂质度/（mg/kg）	≤	4.0	GB 5413.30
酸度/°T		16~24	GB 5009.239

3.3 污染物限量和真菌毒素限量

3.3.1 污染物限量应符合 GB 2762 的规定。

3.3.2 真菌毒素限量应符合 GB 2761 的规定。

3.4 微生物限量

微生物限量应符合表 3 的规定。

表 3　微生物限量

项目		限量	检验方法
菌落总数/［CFU/g（mL）］	≤	2×10^6	GB 4789.2

3.5 农药残留限量和兽药残留限量

3.5.1 农药残留量应符合 GB 2763 及国家有关规定和公告。

3.5.2 兽药残留量限量应符合 GB 31650 及国家有关规定和公告。

4 其他

4.1 奶畜养殖者对挤奶设施、生鲜乳贮存设施应当及时清洗、消毒，避免对生鲜乳造成污染，生鲜驼乳的挤奶、冷却、贮存、交收过程的卫生要求应符合 GB12693、《乳品质量安全监督管理条例》《新疆维吾尔自治区奶业条例》的规定。

食品安全地方标准
巴氏杀菌驼乳

标 准 号：DBS 65/011—2017
发布日期：2017-07-04　　　　　　　　　实施日期：2017-07-04
发布单位：新疆维吾尔自治区卫生和计划生育委员会

前　　言

本标准由新疆维吾尔自治区卫生和计划生育委员会提出。

本标准起草单位：乌鲁木齐市奶业协会、新疆维吾尔自治区乳品质量监测中心、乌鲁木齐市动物疾病控制与诊断中心、巴里坤神驼生物科技有限责任公司。

本标准主要起草人：何晓瑞、徐敏、徐啸天、李景芳、陆东林、李强。

本标准为首次发布。

食品安全地方标准
巴氏杀菌驼乳

1 范围

本标准适用于全脂、脱脂和部分脱脂巴氏杀菌驼乳。

2 规范性引用文件

本标准中引用的文件对于本标准的应用是必不可少的。凡是注日期的引用文件，仅所注日期的版本适用于本标准。凡是不注日期的引用文件，其最新版本（包括所有的修改单）适用于本标准。

3 术语和定义

3.1 巴氏杀菌驼乳

仅以生驼乳为原料，经巴氏杀菌等工序制得的液体产品。

4 技术要求

4.1 原料要求

生驼乳应符合 DBS 65/010—2017 的规定。

4.2 感官要求

应符合表 1 的规定。

表 1 感官要求

项目	要求	检验方法
色泽	呈乳白色	取适量试样于 50mL 烧杯中，在自然光下观察色泽和组织状态。闻其气味，用温开水漱口，品尝滋味
滋味、气味	具有驼乳固有的香味，无异味	
组织状态	呈均匀一致液体，无凝块、无沉淀、无正常视力可见异物	

4.3 理化指标

应符合表 2 的规定。

表 2 理化指标

项目		指标	检验方法
脂肪[a]/（g/100g）	≥	4.0	GB 5009.6
蛋白质/（g/100g）	≥	3.5	GB 5009.5
非脂乳固体/（g/100g）	≥	8.5	GB 5413.39
酸度/°T		16~24	GB 5009.239

[a] 仅适用于全脂巴氏杀菌驼乳。

4.4 污染物限量和真菌毒素限量

应符合表 3 的规定。

表 3 污染物限量和真菌毒素限量

项目		指标	检验方法
铅（以 Pb 计）/（mg/kg）	≤	0.05	GB 5009.12
总砷（以 As 计）/（mg/kg）	≤	0.1	GB 5009.11
总汞（以 Hg 计）/（mg/kg）	≤	0.01	GB 5009.17
铬（以 Cr 计）/（mg/kg）	≤	0.3	GB 5009.123
黄曲霉毒素 M_1/（μg/kg）	≤	0.5	GB 5009.24

4.5 微生物限量

应符合表 4 的规定。

表 4 微生物限量

项目	采样方案[a]及限量（若非指定，均以 CFU/g 或 CFU/mL 表示）				检验方法
	n	c	m	M	
菌落总数	5	2	50 000	100 000	GB 4789.2
大肠菌群	5	2	1	5	GB 4789.3 平板计数法
金黄色葡萄球菌	5	0	0/25g（mL）	—	GB 4789.10 定性检验
沙门氏菌	5	0	0/25g（mL）	—	GB 4789.4

[a] 样品的分析及处理按 GB 4789.1 和 GB 4789.18 执行。

5 生产过程中的卫生要求：应符合 GB 12693 的规定。

6 其他

6.1 应在产品包装主要展示面上紧邻产品名称的位置，使用不小于产品名称字号且字体高度不小于主要展示面高度五分之一的汉字标注"鲜驼奶"或"鲜驼乳"。

食品安全地方标准
巴氏杀菌驼乳

标 准 号：DBS 65/011—2023
发布日期：2023-06-20　　　　　　　　实施日期：2023-12-20
发布单位：新疆维吾尔自治区卫生健康委员会

前　　言

本标准代替 DBS 65/011—2017《食品安全地方标准 巴氏杀菌驼乳》。

本标准与 DBS 65/011—2017 相比，主要变化如下：

——删去规范性引用文件；

——修改了污染物限量和真菌毒素限量；

——修改了微生物指标；

——删去生产过程中的卫生要求；

本标准由新疆维吾尔自治区卫生健康委员会提出。

本标准起草单位：乌鲁木齐市奶业协会、新疆畜牧科学院畜牧业质量标准研究所、乌鲁木齐市动物疾病控制与诊断中心。

参与修订单位（以拼音字母为序）：新疆天宏润生物科技有限公司、新疆驼盟集团有限责任公司、新疆驼源生物科技有限公司、新疆骆甘霖乳业有限公司、新疆金驼投资股份有限公司、新疆新驼乳业有限公司、新疆中驼生物科技有限公司、新疆旺源驼奶实业有限公司、乌苏高泉天天乳业有限责任公司。

本标准主要起草人：徐敏、何晓瑞、袁辉、蔡扩军、徐啸天、王涛、周继萍、李景芳、陆东林。

食品安全地方标准
巴氏杀菌驼乳

1 范围

本标准适用于全脂、脱脂和部分脱脂巴氏杀菌驼乳。

2 术语和定义

2.1 巴氏杀菌驼乳

仅以生驼乳为原料，经巴氏杀菌等工序制得的液体产品。

3 技术要求

3.1 原料要求

3.1.1 生驼乳应符合 DBS 65/010 的规定。

3.2 感官要求

感官要求应符合表 1 的规定。

表 1　感官要求

项目	要求	检验方法
色泽	呈乳白色	取适量试样于 50mL 烧杯中，在自然光下观察色泽和组织状态。闻其气味，用温开水漱口，品尝滋味
滋味、气味	具有驼乳固有的香味，无异味	
组织状态	呈均匀一致液体，无凝块、无沉淀、无正常视力可见异物	

3.3 理化指标

理化指标应符合表 2 的规定。

表 2　理化指标

项目		指标	检验方法
脂肪*/（g/100g）	≥	4.0	GB 5009.6
蛋白质/（g/100g）	≥	3.5	GB 5009.5
非脂乳固体/（g/100g）	≥	8.5	GB 5413.39
酸度/°T		16~24	GB 5009.239

*仅适用于全脂巴氏杀菌驼乳。

3.4 污染物限量和真菌毒素限量

3.4.1 污染物限量应符合 GB 2762 的规定。

3.4.2 真菌毒素限量应符合 GB 2761 的规定。

3.5 微生物限量

3.5.1 致病菌限量应符合 GB 29921 的规定。

3.5.2 微生物限量还应符合表 3 的规定。

表 3 微生物限量

项目	采样方案[a]及限量				检验方法
	n	c	m	M	
菌落总数/（CFU/mL）	5	2	5.0×10^4	1.0×10^5	GB 4789.2
大肠菌群/（CFU/mL）	5	2	1	5	GB 4789.3

[a]样品的采样及处理按 GB 4789.1 和 GB 4789.18 执行。

4 其他

4.1 产品应标识"鲜驼奶"或"鲜驼乳"。

食品安全地方标准
灭菌驼乳

标 准 号：DBS 65/012—2017
发布日期：2017-07-04　　　　　　　　　　　　**实施日期：2017-07-04**
发布单位：新疆维吾尔自治区卫生和计划生育委员会

前　　言

本标准由新疆维吾尔自治区卫生和计划生育委员会提出。

本标准起草单位：乌鲁木齐市奶业协会、新疆维吾尔自治区乳品质量监测中心、乌鲁木齐市动物疾病控制与诊断中心、新疆旺源驼奶实业有限公司、新疆骆甘霖生物有限公司、新疆金驼投资股份有限公司。

本标准主要起草人：何晓瑞、徐敏、申玉飞、李景芳、陆东林。

本标准为首次发布。

食品安全地方标准
灭菌驼乳

1 范围

本标准适用于全脂、脱脂和部分脱脂灭菌驼乳。

2 规范性引用文件

本标准中引用的文件对于本标准的应用是必不可少的。凡是注日期的引用文件，仅所注日期的版本适用于本标准。凡是不注日期的引用文件，其最新版本（包括所有的修改单）适用于本标准。

3 术语和定义

3.1 超高温灭菌驼乳

以生驼乳为原料，添加或不添加复原乳，在连续流动的状态下，加热到至少132℃并保持很短时间的灭菌，再经灭菌等工序制得的液体产品。

3.2 保持灭菌驼乳

以生驼乳为原料，添加或不添加复原乳，无论是否经过预热处理，在灌装并密封之后经灭菌等工序制得的液体产品。

4 技术要求

4.1 原料要求

4.1.1 生驼乳：应符合 DBS 65/010—2017 的规定。

4.2.2 驼乳粉：应符合 DBS 65/014—2017 的规定。

4.2 感官要求

应符合表1的规定。

表1 感官要求

项目	要求	检验方法
色泽	呈乳白色或微黄色	取适量试样于50mL烧杯中，在自然光下观察色泽和组织状态。闻其气味，用温开水漱口，品尝滋味
气味	具有驼乳固有的香味，无异味	
组织状态	呈均匀一致液体，无凝块、无沉淀、无正常视力可见异物	

4.3 理化指标

应符合表2的规定。

表2　理化指标

项目		指标	检验方法
脂肪ᵃ/（g/100g）	≥	4.0	GB 5009.6
蛋白质/（g/100g）	≥	3.5	GB 5009.5
非脂乳固体/（g/100g）	≥	8.5	GB 5413.39
酸度/°T		16～24	GB 5009.239

ᵃ仅适用于全脂灭菌驼乳。

4.4 污染物限量和真菌毒素限量

应符合表3的规定。

表3　污染物限量和真菌毒素限量

项目		指标	检验方法
铅（以 Pb 计）/（mg/kg）	≤	0.05	GB 5009.12
总砷（以 As 计）/（mg/kg）	≤	0.1	GB 5009.11
总汞（以 Hg 计）/（mg/kg）	≤	0.01	GB 5009.17
铬（以 Cr 计）/（mg/kg）	≤	0.3	GB 5009.123
黄曲霉毒素 M_1/（μg/kg）	≤	0.5	GB 5009.24

4.5 微生物要求

应符合商业无菌的要求，按 GB 4789.26 规定的方法检验。

5　生产过程中的卫生要求

应符合 GB 12693 的规定。

6　其他

6.1　仅以生驼乳为原料的超高温灭菌驼乳应在产品包装主要展示面上紧邻产品名称的位置，使用不小于产品名称字号且字体高度不小于主要展示面高度五分之一的汉字标注"纯驼奶"或"纯驼乳"。

6.2　全部用驼乳粉生产的灭菌驼乳应在产品名称紧邻部位标明"复原驼乳"或"复原驼奶"，在生驼乳中添加部分驼乳粉生产的灭菌驼乳应在产品名称紧邻部位标明"含××%复原驼乳"或"含××%复原驼奶"。

　　注："含××%"是指添加驼乳粉占灭菌驼乳中全乳固体的质量分数。

6.3　"复原驼乳"或"复原驼奶"与产品名称应标识在包装容器的同一主要展示版面；标识的"复原驼乳"或"复原驼奶"字样应醒目，其字号不小于产品名称的字号，字体高度不小于主要展示版面高度的五分之一。

食品安全地方标准
灭菌驼乳

标 准 号：DBS 15/017—2019

发布日期：2019-05-20　　　　　　　　实施日期：2019-06-01

发布单位：内蒙古自治区卫生健康委员会

食品安全地方标准
灭菌驼乳

1 范围

本标准适用于全脂、脱脂和部分脱脂灭菌驼乳。

2 术语和定义

2.1 超高温灭菌驼乳

以生驼乳为原料，在连续流动的状态下，加热到至少 132℃ 并保持很短时间的灭菌，再经无菌灌装等工序制成的液体产品。

2.2 保持灭菌驼乳

以生驼乳为原料，无论是否经过预热处理，在灌装并密封之后经灭菌等工序制成的液体产品。

3 技术要求

3.1 原料要求

生驼乳：应符合 DBS 15/015 的规定。

3.2 感官要求

感官要求应符合表 1 的规定。

表 1　感官要求

项目	要求	检验方法
色泽	呈乳白色	取适量试样置于 50mL 烧杯中，在自然光下观察其色泽和组织状态。闻其气味，用温开水漱口，品尝其滋味
滋味、气味	具有驼乳固有的香味，无异味	
组织状态	呈均匀一致液体，无凝块、无沉淀、无正常视力可见异物	

3.3 理化指标

理化指标应符合表 2 的规定。

表 2　理化指标

项目		指标	检验方法
脂肪[a]/（g/100g）	≥	4.0	GB 5009.6
蛋白质/（g/100g）	≥	3.7	GB 5009.5
非脂乳固体/（g/100g）	≥	8.5	GB 5413.39
酸度/°T		16～24	GB 5009.239

[a] 仅适用于全脂灭菌驼乳。

3.4 污染物限量

污染物限量应符合 GB 2762 中乳及乳制品的规定。

3.5 真菌毒素限量

真菌毒素限量应符合 GB 2761 中乳及乳制品的规定。

3.6 微生物要求

微生物要求应符合商业无菌的要求，按 GB 4789.26 规定的方法检验。

4 其他

以生驼乳为原料的超高温灭菌驼乳应在产品包装主要展示面上紧邻产品名称的位置，使用不小于产品名称字号且字体高度不小于主要展示面高度五分之一的汉字标注"纯驼奶"或"纯驼乳"。

食品安全地方标准
灭菌驼乳

标 准 号：**DBS 65/012—2023**

发布日期：2023-06-20　　　　　　　　　实施日期：2023-12-20

发布单位：新疆维吾尔自治区卫生健康委员会

前　　言

本标准代替 DBS 65/012—2017《食品安全地方标准 灭菌驼乳》。

本标准与 DBS 65/012—2017 相比，主要变化如下：

——删去规范性引用文件；

——修改了术语与定义；

——修改了污染物限量和真菌毒素限量；

——删去生产过程中的卫生要求；

——修改了其他；

本标准由新疆维吾尔自治区卫生健康委员会提出。

本标准起草单位：乌鲁木齐市奶业协会、新疆畜牧科学院畜牧业质量标准研究所、乌鲁木齐市动物疾病控制与诊断中心、新疆旺源驼奶实业有限公司、新疆骆甘霖乳业有限公司、新疆金驼投资股份有限公司。

参与修订单位（以拼音字母为序）：新疆天宏润生物科技有限公司、新疆驼盟集团有限责任公司、新疆驼源生物科技有限公司、新疆新驼乳业有限公司、新疆中驼生物科技有限公司、乌苏高泉天天乳业有限责任公司。

本标准主要起草人：徐敏、何晓瑞、郭金喜、王涛、蔡扩军、吴星星、张寅生、李景芳、陆东林。

食品安全地方标准
灭菌驼乳

1 范围

本标准适用于全脂、脱脂和部分脱脂灭菌驼乳。

2 术语和定义

2.1 超高温灭菌驼乳

仅以生驼乳为原料，在连续流动的状态下，加热到至少132℃并保持很短时间的灭菌，再经无菌灌装等工序制成的液体产品。

2.2 保持灭菌驼乳

仅以生驼乳为原料，无论是否经过预热处理，在灌装并密封之后经灭菌等工序制成的液体产品。

3 技术要求

3.1 原料要求

3.1.1 生驼乳应符合 DBS 65/010 的规定。

3.2 感官要求

感官要求应符合表1的规定。

表1 感官要求

项目	要求	检验方法
色泽	呈乳白色或微黄色	取适量试样于50mL烧杯中，在自然光下观察色泽和组织状态。闻其气味，用温开水漱口，品尝滋味
气味	具有驼乳固有的香味，无异味	
组织状态	呈均匀一致液体，无凝块、无沉淀、无正常视力可见异物	

3.3 理化指标

理化指标应符合表2的规定。

表2 理化指标

项目		指标	检验方法
脂肪[a]/（g/100g）	≥	4.0	GB 5009.6
蛋白质/（g/100g）	≥	3.5	GB 5009.5
非脂乳固体/（g/100g）	≥	8.5	GB 5413.39
酸度/°T		16~24	GB 5009.239

[a]仅适用于全脂灭菌驼乳。

3.4 污染物限量和真菌毒素限量

3.4.1 污染物限量应符合 GB 2762 的规定。

3.4.2 真菌毒素限量应符合 GB 2761 的规定。

3.5 微生物要求

应符合商业无菌的要求，按 GB 4789.26 规定的方法检验。

4 其他

4.1 产品应标识"纯驼奶"或"纯驼乳"。

食品安全地方标准
发酵驼乳

标 准 号：DBS 65/013—2017
发布日期：2017-07-04　　　　　　　　实施日期：2017-07-04
发布单位：新疆维吾尔自治区卫生和计划生育委员会

前　　言

本标准由新疆维吾尔自治区卫生和计划生育委员会提出。

本标准起草单位：乌鲁木齐市奶业协会、新疆维吾尔自治区乳品质量监测中心、乌鲁木齐市动物疾病控制与诊断中心、新疆旺源驼奶实业有限公司、新疆骆甘霖生物有限公司、新疆金驼投资股份有限公司。

本标准主要起草人：李新玲、何晓瑞、徐敏、李景芳、陆东林、岳琳。

本标准为首次发布。

食品安全地方标准
发酵驼乳

1 范围

本标准适用于全脂、脱脂和部分脱脂发酵驼乳。

2 规范性引用文件

本标准中引用的文件对于本标准的应用是必不可少的。凡是注日期的引用文件，仅所注日期的版本适用于本标准。凡是不注日期的引用文件，其最新版本（包括所有的修改单）适用于本标准。

3 术语和定义

3.1 发酵驼乳

以生驼乳或驼乳粉为原料，经杀菌、发酵后制成的 pH 值降低的产品。

3.1.1 酸驼乳

以生驼乳或驼乳粉为原料，经杀菌、接种嗜热链球菌和保加利亚乳杆菌（德氏乳杆菌保加利亚亚种）发酵制成的产品。

3.2 风味发酵驼乳

以 80% 以上生驼乳或驼乳粉为原料，添加其他原料，经杀菌、发酵后 pH 值降低，发酵前或后添加或不添加食品添加剂、营养强化剂、果蔬、谷物等制成的产品。

3.2.1 风味酸驼乳

以 80% 以上生驼乳或驼乳粉为原料，添加其他原料，经杀菌、接种嗜热链球菌和保加利亚乳杆菌（德氏乳杆菌保加利亚亚种）发酵前或后添加或不添加食品添加剂、营养强化剂、果蔬、谷物等制成的产品。

4 技术要求

4.1 原料要求

4.1.1 生驼乳：应符合 DBS 65/010—2017 的规定。

4.1.2 其他原料：应符合相应安全标准和/或有关规定。

4.1.3 发酵菌种：保加利亚乳杆菌（德氏乳杆菌保加利亚亚种）、嗜热链球菌或其他由国务院卫生行政部门批准使用的菌种。

4.2 感官要求

应符合表 1 的规定。

表 1 感官要求

项目	要求		检验方法
	发酵驼乳	风味发酵驼乳	
色泽	色泽均匀一致，呈乳白色或微黄色	具有与添加成分相符的色泽	取适量试样于 50mL 烧杯中，在自然光下观察色泽和组织状态。闻其气味，用温开水漱口，品尝滋味
滋味、气味	具有发酵驼乳特有的滋味、气味	具有与添加成分相符的滋味和气味	
组织状态	组织细腻、均匀，允许有少量乳清析出；风味发酵驼乳具有添加成分特有的组织状态		

4.3 理化指标

应符合表 2 的规定。

表 2 理化指标

项目		指标		检验方法
		发酵驼乳	风味发酵驼乳	
脂肪[a]/（g/100g）	≥	4.0	3.2	GB 5009.6
蛋白质/（g/100g）	≥	3.5	2.8	GB 5009.5
非脂乳固体/（g/100g）	≥	8.5	—	GB 5413.39
酸度/°T	≥	70.0		GB 5009.239

[a]仅适用于全脂产品。

4.4 污染物限量和真菌毒素限量

应符合表 3 的规定。

表 3 污染物限量和真菌毒素限量

项目		指标	检验方法
铅（以 Pb 计）/（mg/kg）	≤	0.05	GB 5009.12
总砷（以 As 计）/（mg/kg）	≤	0.1	GB 5009.11
总汞（以 Hg 计）/（mg/kg）	≤	0.01	GB 5009.17
铬（以 Cr 计）/（mg/kg）	≤	0.3	GB 5009.123
黄曲霉毒素 M_1/（μg/kg）	≤	0.5	GB 5009.24

4.5 微生物限量

应符合表 4 的规定。

表 4　微生物限量

项目	采样方案ª及限量（若非指定，均以 CFU/g 或 CFU/mL 表示）				检验方法
	n	c	m	M	
大肠菌群	5	2	1	5	GB 4789.3 平板计数法
金黄色葡萄球菌	5	0	0/25g（mL）	—	GB 4789.10 定性检验
沙门氏菌	5	0	0/25g（mL）	—	GB 4789.4
酵母　　　　≤	100				GB 4789.15
霉菌　　　　≤	30				

ª样品的分析及处理按 GB 4789.1 和 GB 4789.18 执行。

4.6　乳酸菌数

应符合表 5 的规定。

表 5　乳酸菌数

项目	限量/〔CFU/g（mL）〕	检验方法
乳酸菌数ª　　≥	1×10^6	GB 4789.35

ª发酵后经热处理的产品对乳酸菌数不作要求。

4.7　食品添加剂和营养强化剂

4.7.1　食品添加剂和营养强化剂质量应符合相应的安全标准和有关规定。

4.7.2　食品添加剂和营养强化剂的使用应符合 GB 2760 和 GB 14880 的规定。

5　生产过程中的卫生要求

应符合 GB 12693 的规定。

6　其他

6.1　发酵后经热处理的产品应标识"××热处理发酵驼乳""××热处理风味发酵驼乳""××热处理酸驼乳/奶"或"××热处理风味酸驼乳/奶"。

6.2　全部用驼乳粉生产的产品应在产品名称紧邻部位标明"复原驼乳"或"复原驼奶"，在生驼乳中添加部分驼乳粉生产的产品应在产品名称紧邻部位标明"含××%复原驼乳"或"含××%复原驼奶"。

注："××%"是指所添加驼乳粉占产品中全乳固体的质量分数。

6.3　"复原驼乳"或"复原驼奶"与产品名称应标识在包装容器的同一主要展示版面；标识的"复原驼乳"或"复原驼奶"字样应醒目，其字号不小于产品名称的字号，字体高度不小于主要展示版面高度的五分之一。

食品安全地方标准
发酵驼乳

标 准 号：DBS 65/013—2023
发布日期：2023-06-20　　　　　　　　实施日期：2023-12-20
发布单位：新疆维吾尔自治区卫生健康委员会

前　　言

本标准代替 DBS 65/013—2017《食品安全地方标准 发酵驼乳》。

本标准与 DBS 65/013—2017 相比，主要变化如下：

——删去规范性引用文件；

——修改了术语和定义；

——修改了污染物限量和真菌毒素限量；

——修改了微生物限量；

——删去生产过程中的卫生要求；

本标准由新疆维吾尔自治区卫生健康委员会提出。

本标准起草单位：乌鲁木齐市奶业协会、新疆畜牧科学院畜牧业质量标准研究所、乌鲁木齐市动物疾病控制与诊断中心、新疆旺源驼奶实业有限公司、新疆骆甘霖乳业有限公司、新疆金驼投资股份有限公司。

参与修订单位（以拼音字母为顺序）：新疆天宏润生物科技有限公司、新疆驼盟集团有限责任公司、新疆驼源生物科技有限公司、新疆新驼乳业有限公司、新疆中驼生物科技有限公司、乌苏高泉天天乳业有限责任公司。

本标准主要起草人：徐敏、何晓瑞、李新玲、曹丽梦、谭东、王涛、马卫平、刘军、薛海燕、李景芳、陆东林

食品安全地方标准
发酵驼乳

1 范围

本标准适用于全脂、脱脂和部分脱脂发酵驼乳。

2 术语和定义

2.1 发酵驼乳

以生驼乳为原料,经杀菌、接种唾液链球菌嗜热亚种和德氏乳杆菌保加利亚亚种或其他由国务院卫生行政部门批准使用的菌种,发酵制成的产品。

2.2 风味发酵驼乳

以80%以上生驼乳为原料,添加其他原料(不包括驼乳制品及其他畜种的生乳及乳制品、动植物源性蛋白和脂肪),经杀菌、接种唾液链球菌嗜热亚种和德氏乳杆菌保加利亚亚种或其他由国务院卫生行政部门批准使用的菌种,发酵前或后添加或不添加食品添加剂、营养强化剂、果蔬、谷物等制成的产品。

3 技术要求

3.1 原料要求

3.1.1 生驼乳应符合 DBS 65/010 的规定。

3.1.2 其他原料应符合相应食品标准和有关规定。

3.1.3 发酵菌种:唾液链球菌嗜热亚种和德氏乳杆菌保加利亚亚种或其他由国务院卫生行政部门批准使用的菌种。

3.2 感官要求

感官要求应符合表1的规定。

表 1 感官要求

项目	要求		检验方法
	发酵驼乳	风味发酵驼乳	
色泽	色泽均匀一致,呈乳白色或微黄色	具有与添加成分相符的色泽	取适量试样于50mL烧杯中,在自然光下观察色泽和组织状态。闻其气味,用温开水漱口,品尝滋味
滋味、气味	具有发酵驼乳特有的滋味、气味	具有与添加成分相符的滋味和气味	
组织状态	组织细腻、均匀,允许有少量乳清析出;风味发酵驼乳具有添加成分特有的组织状态		

3.3 理化指标

理化指标应符合表2的规定。

表 2　理化指标

项目		指标		检验方法
		发酵驼乳	风味发酵驼乳	
脂肪[a]/（g/100g）	≥	4.0	3.2	GB 5009.6
蛋白质/（g/100g）	≥	3.5	2.8	GB 5009.5
非脂乳固体/（g/100g）	≥	8.5	—	GB 5413.39
酸度/°T	≥	70.0		GB 5009.239

[a]仅适用于全脂产品。

3.4　污染物限量和真菌毒素限量

3.4.1　污染物限量应符合 GB 2762 的规定。

3.4.2　真菌毒素限量应符合 GB 2761 的规定。

3.5　微生物限量

3.5.1　致病菌限量应符合 GB 29921 的规定。

3.5.2　微生物限量还应符合表 3 的规定。

表 3　微生物限量

项目	采样方案[a]及限量				检验方法
	n	c	m	M	
大肠菌群/（CFU/g）	5	2	1	5	GB 4789.3
酵母/（CFU/g）　≤	100				GB 4789.15
霉菌/（CFU/g）　≤	30				

[a]样品的采样及处理按 GB 4789.1 和 GB 4789.18 执行。

3.6　乳酸菌数

乳酸菌数应符合表 4 的规定。

表 4　乳酸菌数

项目	限量	检验方法
乳酸菌数[a]/（CFU/g）　≥	$1×10^6$	GB 4789.35

[a]发酵后经热处理的产品对乳酸菌数不作要求。

3.7　食品添加剂和营养强化剂

3.7.1　食品添加剂的使用应符合 GB 2760 的规定。

3.7.2　食品营养强化剂的使用应符合 GB 14880 的规定。

4 其他

4.1 产品应标识"发酵驼乳"或"酸驼乳""风味发酵驼乳"。

4.2 发酵后经热处理的产品应标识"××热处理发酵驼乳""××热处理风味发酵驼乳""××热处理酸驼乳/奶"或"××热处理风味酸驼乳/奶"。

_____

食品安全地方标准
驼乳粉

标 准 号：DBS 65／014—2017

发布日期：2017－07－04   实施日期：2017－07－04

发布单位：新疆维吾尔自治区卫生和计划生育委员会

前　　言

本标准由新疆维吾尔自治区卫生和计划生育委员会提出。

本标准起草单位：乌鲁木齐市奶业协会、新疆维吾尔自治区乳品质量监测中心、乌鲁木齐市动物疾病控制与诊断中心、新疆旺源驼奶实业有限公司、新疆骆甘霖生物有限公司、新疆金驼投资股份有限公司。

本标准主要起草人：徐敏、何晓瑞、李景芳、陆东林、叶东东、蔡扩军、王涛、杨小亮。

本标准为首次发布。

食品安全地方标准
驼乳粉

1 范围

本标准适用于全脂、脱脂、部分脱脂驼乳粉和调制驼乳粉。

2 规范性引用文件

下列文件对于本文件的应用是必不可少的，凡是注日期的引用文件，仅注日期的版本适用于本文件，凡是不注日期的引用文件，其最新版本（包括所有的修改单）适用于本文件。

3 术语和定义

3.1 驼乳粉

以生驼乳为原料，经加工制成的粉状产品。

3.2 调制驼乳粉

以生驼乳或其加工制品为原料，添加其他原料，添加或不添加食品添加剂和营养强化剂，经加工制成的乳固体含量不低于70%的粉状产品。

4 技术要求

4.1 原料要求

4.1.1 生驼乳：应符合 DBS 65/010—2017 的规定。

4.1.2 其他原料：应符合相应的安全标准和/或有关规定。

4.2 感官要求

应符合表1的规定。

表1 感官要求

项目	要求		检验方法
	驼乳粉	调制驼乳粉	
色泽	呈均匀一致的乳白色或微黄色	具有应有的色泽	取适量试样置于 50mL 烧杯中，在自然光下观察色泽和组织状态。闻其气味，用温开水漱口，品尝滋味
滋味、气味	具有纯正的驼乳香味	具有应有的滋味、气味	
组织状态	干燥均匀的粉末		

4.3 理化指标

应符合表2的规定。

表 2　理化指标

项目		指标		检验方法
		驼乳粉	调制驼乳粉	
蛋白质/%	≥	非脂乳固体[a]的 36%	16.5	GB 5009.5
脂肪[b]/%	≥	28.0	—	GB 5009.6
复原乳酸度/°T	≤	24	—	GB 5009.239
杂质度/（mg/kg）	≤	16	—	GB 5413.30
水分/%	≤	5.0		GB 5009.3

　　[a]非脂乳固体（%）= 100（%）-脂肪（%）-水分（%）。

　　[b]仅适用于全脂驼乳粉。

4.4　污染物限量和真菌毒素限量

应符合表 3 的规定。

表 3　污染物限量和真菌毒素限量

项目		指标	检验方法
铅（以 Pb 计）/（mg/kg）	≤	0.5	GB 5009.12
总砷（以 As 计）/（mg/kg）	≤	0.5	GB 5009.11
铬（以 Cr 计）/（mg/kg）	≤	2.0	GB 5009.123
亚硝酸盐（以 $NaNO_2$ 计）/（mg/kg）	≤	2.0	GB 5009.33
黄曲霉毒素 M_1/（μg/kg）	≤	3.0	GB 5009.24

4.5　微生物限量

应符合表 4 规定。

表 4　微生物限量

项目	采样方案[a]及限量（若非指定，均以 CFU/g 表示）				检验方法
	n	c	m	M	
菌落总数[b]	5	2	50 000	200 000	GB 4789.2
大肠菌群	5	1	10	100	GB 4789.3 平板计数法
金黄色葡萄球菌	5	2	10	100	GB 4789.10 平板计数法
沙门氏菌	5	0	0/25g	—	GB 4789.4

　　[a]样品的分析及处理按 GB 4789.1 和 GB 4789.18 执行。

　　[b]不适用于添加活性菌种（好氧和兼性厌氧益生菌）的产品。

4.6　食品添加剂和营养强化剂

4.6.1　食品添加剂和营养强化剂的质量应符合相应的安全标准和有关规定。

4.6.2　食品添加剂和营养强化剂的使用应符合 GB 2760 和 GB 14880 的规定。

5　生产过程中的卫生要求：应符合 GB 12693 的规定。

食品安全地方标准
驼乳粉

标 准 号：DBS 15/016—2019
发布日期：2019-05-20　　　　　　　　　实施日期：2019-06-01
发布单位：内蒙古自治区卫生健康委员会

食品安全地方标准
驼乳粉

1 范围

本标准适用于全脂、脱脂、部分脱脂驼乳粉和调制驼乳粉。

2 术语和定义

2.1 驼乳粉

以生驼乳为原料，经加工制成的粉状产品。

2.2 调制驼乳粉

以生驼乳或及其加工制品为主要原料，添加其他原料，添加或不添加食品添加剂和食品营养强化剂，经加工制成的乳固体含量不低于70%的粉状产品。

3 技术要求

3.1 原料要求

3.1.1 生驼乳：应符合 DBS 15/015 的规定。

3.1.2 其他原料：应符合相应的食品安全标准和/或有关规定。

3.2 感官要求

感官要求应符合表1的规定。

表1 感官要求

项目	要求		检验方法
	驼乳粉	调制驼乳粉	
色泽	呈均匀一致的乳白色	具有应有的色泽	取适量试样置于 50mL 烧杯中，在自然光下观察其色泽和组织状态。闻其气味，用温开水漱口，品尝其滋味
滋味、气味	具有纯正的驼乳香味	具有应有的滋味、气味	
组织状态	干燥均匀的粉末		

3.3 理化指标

理化指标应符合表2的规定。

表2 理化指标

项目		指标		检验方法
		驼乳粉	调制驼乳粉	
蛋白质/%	≥	非脂乳固体[a] 的36%	17.0	GB 5009.5
脂肪[b]/%	≥	28.0	—	GB 5009.6
复原乳酸度/°T	≤	24	—	GB 5009.239

（续表）

项目	指标		检验方法
	驼乳粉	调制驼乳粉	
杂质度/（mg/kg） ≤	16	—	GB 5413.30
水分/% ≤	5.0		GB 5009.3

[a]非脂乳固体（%）= 100（%）-脂肪（%）-水分（%）。

[b]仅适用于全脂驼乳粉。

3.4 污染物限量

污染物限量应符合 GB 2762 中乳及乳制品的规定。

3.5 真菌毒素限量

真菌毒素限量应符合 GB 2761 中乳及乳制品的规定。

3.6 微生物限量

微生物限量应符合表 3 的规定。

表 3　微生物限量

项目	采样方案[a]及限量（若非指定，均以 CFU/g 表示）				检验方法
	n	c	m	M	
菌落总数[b]	5	2	50 000	200 000	GB 4789.2
大肠菌群	5	1	10	100	GB 4789.3 平板计数法
金黄色葡萄球菌	5	2	10	100	GB 4789.10 平板计数法
沙门氏菌	5	0	0/25g	—	GB 4789.4

[a]样品的分析及处理按 GB 4789.1 和 GB 4789.18 执行。

[b]不适用于添加活性菌种（好氧和兼性厌氧益生菌）的产品。

3.7 食品添加剂和营养强化剂

3.7.1 食品添加剂和食品营养强化剂质量应符合相应的安全标准和有关规定。

3.7.2 食品添加剂和食品营养强化剂的使用应符合 GB 2760 和 GB 14880 的规定。

食品安全地方标准
驼乳粉

标 准 号：DBS 65/ 014—2023
发布日期：2023-06-20　　　　　　　　　实施日期：2023-12-20
发布单位：新疆维吾尔自治区卫生健康委员会

前　　言

本标准代替 DBS 65/014—2017《食品安全地方标准 驼乳粉》。

本标准与 DBS 65/014—2017 相比，主要变化如下：

——删去规范性引用文件；

——修改了术语和定义删去调制驼乳粉；

——修改了理化指标中蛋白质、脂肪、水分的单位；

——修改了污染物限量和真菌毒素限量；

——修改了微生物限量；

——删去生产过程中的卫生要求；

本标准由新疆维吾尔自治区卫生健康委员会提出。

本标准起草单位：乌鲁木齐市奶业协会、新疆畜牧科学院畜牧业质量标准研究所、乌鲁木齐市动物疾病控制与诊断中心、新疆旺源驼奶实业有限公司、新疆骆甘霖乳业有限公司、新疆金驼投资股份有限公司。

参与修订单位（以拼音字母为序）：阿勒泰哈纳斯乳业有限公司、新疆天驼乳业集团有限公司、新疆天宏润生物科技有限公司、新疆驼盟集团有限责任公司、新疆驼源生物科技有限公司、新疆新驼乳业有限公司、新疆中驼生物科技有限公司、伊犁那拉乳业集团有限公司、伊犁雪莲乳业有限公司、伊犁伊力特乳业有限责任公司、乌苏高泉天天乳业有限责任公司。

本标准主要起草人：徐敏、何晓瑞、蔡扩军、王涛、马卫平、周继萍、刘莉、叶东东、李景芳、陆东林。

食品安全地方标准
驼乳粉

1 范围

本标准适用于全脂、脱脂、部分脱脂驼乳粉。

2 术语和定义

2.1 驼乳粉

仅以生驼乳为原料，经加工制成的粉状产品。

3 技术要求

3.1 原料要求

3.1.1 生驼乳应符合 DBS 65/010 的规定。

3.2 感官要求

感官要求应符合表 1 的规定。

表 1 感官要求

项目	要求	检验方法
色泽	呈均匀一致的乳白色或微黄色	取适量试样置于干燥、洁净的白色盘（瓷盘或同类容器）中，在自然光下观察色泽和组织状态，冲调后，嗅其气味，用温开水漱口，品尝滋味
滋味、气味	具有纯正的驼乳香味	
组织状态	干燥均匀的粉末	

3.3 理化指标

理化指标应符合表 2 的规定。

表 2 理化指标

项目		指标	检验方法
蛋白质/（g/100g）	≥	非脂乳固体[a]的36%	GB 5009.5
脂肪[b]/（g/100g）	≥	28.0	GB 5009.6
复原乳酸度/°T	≤	24	GB 5009.239
杂质度/（mg/kg）	≤	16	GB 5413.30
水分/（g/100g）	≤	5.0	GB 5009.3

[a]非脂乳固体（%）= 100（%）-脂肪（%）-水分（%）。

[b]仅适用于全脂驼乳粉。

3.4 污染物限量和真菌毒素限量

3.4.1 污染物限量应符合 GB 2762 的规定。

3.4.2 真菌毒素限量应符合 GB 2761 的规定。

3.5 微生物限量

3.5.1 致病菌限量应符合 GB 29921 的规定。

3.5.2 微生物限量还应符合表 3 的规定。

表 3 微生物限量

项目	采样方案[a]及限量				检验方法
	n	c	m	M	
菌落总数[b]/（CFU/g）	5	2	$5.0×10^4$	$2.0×10^5$	GB 4789.2
大肠菌群/（CFU/g）	5	1	10	100	GB 4789.3

[a]样品的采样及处理按 GB4789.1 和 GB 4789.18 执行。

[b]不适用于添加活性菌种（好氧和兼性厌氧益生菌）的产品。

4 其他

4.1 产品应标识为"驼乳粉"或"驼奶粉"。

食品安全地方标准
调制驼乳粉

标　准　号：DBS 65/023—2023
发布日期：2023-06-20　　　　　　　实施日期：2023-12-20
发布单位：新疆维吾尔自治区卫生健康委员会

前　　言

本标准由新疆维吾尔自治区卫生健康委员会提出。

本标准起草单位：乌鲁木齐市奶业协会、新疆畜牧科学院畜牧业质量标准研究所、乌鲁木齐市动物疾病控制与诊断中心、新疆骆甘霖乳业有限公司、新疆金驼投资股份有限公司。

参与修订企业（以拼音字母为序）：阿勒泰哈纳斯乳业有限公司、新疆天宏润生物科技有限公司、新疆驼盟集团有限责任公司、新疆驼源生物科技有限公司、新疆新驼乳业有限公司、新疆中驼生物科技有限公司、伊犁那拉乳业集团有限公司、伊犁雪莲乳业有限公司、伊犁伊力特乳业有限责任公司、乌苏高泉天天乳业有限责任公司。

本标准主要起草人：徐敏、何晓瑞、远辉、周继萍、任皓、薛海燕、叶东东、李景芳、陆东林。

食品安全地方标准
调制驼乳粉

1 范围

本标准适用于调制驼乳粉。

2 术语和定义

2.1 调制驼乳粉

以生驼乳和（或）驼全乳（或脱脂及部分脱脂）加工制品为主要原料，添加其他原料（不包括其他畜种的生乳及乳制品、动植物源性蛋白和脂肪）、食品添加剂、营养强化剂中的一种或多种，经加工制成的粉状产品，其中驼乳固体含量不低于70%。

3 技术要求

3.1 原料要求

3.1.1 生驼乳应符合 DBS 65/010 的规定，驼乳粉应符合 DBS 65/014 的规定。

3.1.2 其他原料应符合相应的食品标准和有关规定。

3.2 感官要求

感官要求应符合表 1 的规定。

表 1 感官要求

项目	要求	检验方法
色泽	具有应有的色泽	取适量试样置于干燥、洁净的白色盘（瓷盘或同类容器）中，在自然光下观察色泽和组织状态，冲调后，嗅其气味，用温开水漱口，品尝滋味
滋味、气味	具有应有的滋味、气味	
组织状态	干燥均匀的粉末	

3.3 理化指标

理化指标应符合表 2 的规定。

表 2 理化指标

项目		指标	检验方法
蛋白质/（g/100g）	≥	16.8	GB 5009.5
水分/（g/100g）	≤	5.0	GB 5009.3

3.4 污染物限量和真菌毒素限量

3.4.1 污染物限量应符合 GB 2762 的规定。

3.4.2 真菌毒素限量应符合 GB 2761 的规定。

3.5 微生物限量

3.5.1 致病菌限量应符合 GB 29921 的规定。

3.5.2 微生物限量还应符合表 3 的规定。

表 3 微生物限量

项目	采样方案[a]及限量				检验方法
	n	c	m	M	
菌落总数[b]/（CFU/g）	5	2	5.0×10^4	2.0×10^5	GB 4789.2
大肠菌群/（CFU/g）	5	1	10	100	GB 4789.3

[a] 样品的采样及处理按 GB 4789.1 和 GB 4789.18 执行。

[b] 不适用于添加活性菌种（好氧和兼性厌氧）的产品（如添加活菌，产品中活菌数应≥10^6 CFU/g）。

3.6 食品添加剂和营养强化剂

3.6.1 食品添加剂的使用应符合 GB 2760 的规定。

3.6.2 食品营养强化剂的使用应符合 GB 14880 的规定。

4 其他

4.1 产品应标识"调制驼乳粉"或"调制驼奶粉"。

【团体标准】

骆驼生乳
Camel raw milk

标 准 号：T/TDSTIA 034—2023
发布日期：2023-08-10   实施日期：2023-08-12
发布单位：天津市奶业科技创新协会

前　　言

本文件按照 GB/T 1.1—2020《标准化工作导则　第 1 部分：标准化文件的结构和起草规则》给出的规则起草。

请注意本文件的某些内容可能涉及专利。本文件的发布机构不承担识别专利的责任。

本文件由国家奶业科技创新联盟提出并归口。

本文件起草单位：中国农业科学院北京畜牧兽医研究所、农业农村部奶产品质量安全风险评估实验室（北京）、农业农村部奶及奶制品质量监督检验测试中心（北京）、国家奶业科技创新联盟、中优乳奶业研究院（天津）有限公司、新疆农业科学院农业质量标准与检测技术研究所。

本文件主要起草人：郑楠、张养东、郝欣雨、赵艳坤、刘慧敏、王加启、屈雪寅、张宁。

骆驼生乳

1 范围

本文件规定了骆驼生乳的术语和定义、技术要求。

本文件适用于骆驼生乳，不适用于即食骆驼生乳。

2 规范性引用文件

下列文件中的内容通过文中的规范性引用而构成本文件必不可少的条款。其中，注日期的引用文件，仅该日期对应的版本适用于本文件；不注日期的引用文件，其最新版本（包括所有的修改单）适用于本文件。

GB 2761　食品安全国家标准　食品中真菌毒素限量

GB 2762　食品安全国家标准　食品中污染物限量

GB 2763　食品安全国家标准　食品中农药最大残留限量

GB 4789.2　食品安全国家标准　食品微生物学检验 菌落总数测定

GB 5009.2　食品安全国家标准　食品相对密度的测定

GB 5009.5　食品安全国家标准　食品中蛋白质的测定

GB 5009.6　食品安全国家标准　食品中脂肪的测定

GB 5009.239 食品安全国家标准　食品酸度的测定

GB 5413.30　食品安全国家标准　乳和乳制品杂质度的测定

GB 5413.39　食品安全国家标准　乳和乳制品中非脂乳固体的测定

GB 31650　食品安全国家标准　食品中兽药最大残留限量

GB 31650.1　食品安全国家标准　食品中 41 种兽药最大残留限量

3 术语和定义

下列术语和定义适用于本文件。

3.1 骆驼生乳 camel raw milk

从健康泌乳期的骆驼乳房中挤出的无任何提取或添加的常乳。产犊后 7 天内的初乳、应用抗生素期间和休药期间的乳汁、变质乳不应用作骆驼生乳。

4 技术要求

4.1 感官要求

应符合表 1 的规定。

表 1　感官要求

项目	要求	检验方法
色泽	呈乳白色或微黄色	取适量试样置于不小于 50 mL 洁净烧杯中，在自然光下观察其色泽和组织状态，闻其气味，煮沸冷却后，用温开水漱口，品尝滋味
滋味、气味	具有乳固有的香味，无异味	
组织状态	呈均匀一致液体，无凝块、无沉淀、无正常视力可见异物	

4.2　理化指标

应符合表 2 的规定。

表 2　理化指标

项目		指标	检验方法
脂肪（g/100g）	≥	3.5	GB 5009.6
蛋白质/（g/100g）	≥	3.3	GB 5009.5
非脂乳固体/（g/100g）	≥	8.1	GB 5413.39
相对密度（20℃/20℃）	≥	1.027	GB 5009.2
酸度/°T		16~24	GB 5009.239
杂质度/（mg/L）	≤	4.0	GB 5413.30

4.3　污染物限量和真菌毒素限量

4.3.1　污染物限量应符合 GB 2762 的规定。

4.3.2　真菌毒素限量应符合 GB 2761 的规定。

4.4　农药残留限量和兽药残留限量

4.4.1　农药残留限量应符合 GB 2763 及国家有关规定和公告。

4.4.2　兽药残留限量应符合 GB 31650、GB 31650.1 及国家有关规定和公告。

4.5　微生物限量

应符合表 3 的规定。

表 3　微生物限量

项目		限量	检验方法
菌落总数/（CFU/mL）	≤	2.0×10^6	GB 4789.2

生驼乳
Raw camel milk

标　准　号：T/CAAA 007—2019
发布日期：2019-01-07　　　　　　　　　实施日期：2019-01-07
发布单位：中国畜牧业协会

前　　言

本标准按照 GB/T 1.1—2009 给出的规则起草。

本标准由中国畜牧业协会提出并归口。

本标准起草单位：内蒙古骆驼研究院、内蒙古农业大学、新疆旺源生物科技集团有限公司、内蒙古苏尼特驼业生物科技有限公司。

本标准主要起草人：郭富城、斯仁达来、明亮、伊丽、何静、海勒、陈钢粮、冉启伟、吉日木图。

生驼乳

1 范围

本标准规定了生驼乳的技术要求。

本标准适用于生驼乳。

2 规范性引用文件

下列文件对于本文件的应用是必不可少的。凡是注日期的引用文件,仅注日期的版本适用于本文件。凡是不注日期的引用文件,其最新版本(包括所有的修改单)适用于本文件。

GB 2761　食品安全国家标准　食品中真菌毒素限量

GB 2762　食品安全国家标准　食品中污染物限量

GB 2763　食品安全国家标准　食品中农药最大残留限量

GB 4789.2　食品安全国家标准　食品微生物学检验

GB 5009.2　食品安全国家标准　食品相对密度的测定

GB 5009.239　食品安全国家标准　食品酸度的测定

GB 5009.5　食品安全国家标准　食品中蛋白质的测定

GB 5009.6　食品安全国家标准　食品中脂肪的测定

GB 5413.30　食品安全国家标准　乳和乳制品杂质度的测定

GB 5413.39　食品安全国家标准　乳和乳制品中非脂乳固体的测定

3 术语和定义

下列术语和定义适用于本文件。

3.1 生驼乳 raw camel milk

从符合国家有关要求的健康骆驼乳房中挤出的无任何成分改变的常乳。

4 技术要求

4.1 感官要求

应符合表1的要求。

表1 感官要求

项目	要求	检验方法
色泽	呈乳白色	取适量试样置于 50mL 烧杯中,在自然光下观察色泽和组织状态。闻其气味,用温开水漱口,品尝滋味
滋味、气味	具有乳固有的香味,无异味	
组织状态	呈均匀一致液体,无凝块、无沉淀、无正常视力可见异物	

4.2 理化指标

应符合表2的要求。

表2 理化指标

项目		指标	检验方法
相对密度/（20℃/4℃）	≥	1.028	GB 5009.2
蛋白质/（g/100g）	≥		
双峰驼乳		3.5	GB 5009.5
单峰驼乳		3.4	
脂肪/（g/100g）	≥	4.0	GB 5009.6
杂质度/（mg/kg）	≤	4.0	GB 5413.30
非脂乳固体/（g/100g）	≥	8.5	GB 5413.39
酸度/°T		16~24	GB 5009.239

4.3 污染物限量

应符合 GB 2762 的要求。

4.4 真菌毒素限量

应符合 GB 2761 的要求。

4.5 微生物限量

应符合表3的要求。

表3 微生物限量

项目		限量/［CFU/g（mL）］	检验方法
菌落总数	≤	$2×10^6$	GB 4789.2

4.6 农药残留限量和兽药残留限量

4.6.1 农药残留量应符合 GB 2763 及国家有关规定和公告。

4.6.2 兽药残留量应符合国家有关规定和公告。

巴氏杀菌驼乳
Pasteurized camel milk

标 准 号：T/CAAA 009—2019
发布日期：2019-01-07　　　　　　　　实施日期：2019-01-07
发布单位：中国畜牧业协会

前　　言

本标准按照 GB/T 1.1—2009 给出的规则起草。

本标准由中国畜牧业协会提出并归口。

本标准起草单位：内蒙古骆驼研究院、内蒙古农业大学、新疆旺源生物科技集团有限公司、内蒙古苏尼特驼业生物科技有限公司。

本标准主要起草人：郭富城、斯仁达来、明亮、伊丽、何静、海勒、陈钢粮、冉启伟、吉日木图。

巴氏杀菌驼乳

1 范围

本标准规定了巴氏杀菌驼乳的技术要求及其他。

本标准适用于全脂、脱脂和部分脱脂巴氏杀菌驼乳。

2 规范性引用文件

下列文件对于本文件的应用是必不可少的。凡是注日期的引用文件，仅注日期的版本适用于本文件。凡是不注日期的引用文件，其最新版本（包括所有的修改单）适用于本文件。

GB 2761 食品安全国家标准 食品中真菌毒素限量

GB 2762 食品安全国家标准 食品中污染物限量

GB 2763 食品安全国家标准 食品中农药最大残留限量

GB 4789.1 食品安全国家标准 食品微生物学检验 总则

GB 4789.2 食品安全国家标准 食品微生物学检验 菌落总数测定

GB 4789.3 食品安全国家标准 食品微生物学检验 大肠菌群计数

GB 4789.4 食品安全国家标准 食品微生物学检验 沙门氏菌检验

GB 4789.10 食品安全国家标准 食品微生物学检验 金黄色葡萄球菌检验

GB 4789.18 食品安全国家标准 食品微生物学检验 乳与乳制品检验

GB 5009.239 食品安全国家标准 食品酸度的测定

GB 5009.5 食品安全国家标准 食品中蛋白质的测定

GB 5009.6 食品安全国家标准 食品中脂肪的测定

GB 5413.39 食品安全国家标准 乳和乳制品中非脂乳固体的测定

3 术语和定义

下列术语和定义适用于本文件。

3.1 巴氏杀菌驼乳 pasteurized camel milk

仅以生驼乳为原料，经巴氏杀菌等工序制得的液体产品。

4 技术要求

4.1 原料要求

应符合 T/CAAA 007—2019 的要求。

4.2 感官要求

应符合表1的要求。

表1　感官要求

项目	要求	检验方法
色泽	呈乳白色	取适量试样置于50mL烧杯中，在自然光下观察色泽和组织状态。闻其气味，用温开水漱口，品尝滋味
滋味、气味	具有乳固有的香味，无异味	
组织状态	呈均匀一致液体，无凝块、无沉淀、无正常视力可见异物	

4.3 理化指标

应符合表2的要求。

表2　理化指标

项目		指标	检验方法
脂肪[a]/（g/100g）	≥	4.0	GB 5009.6
蛋白质/（g/100g） 双峰驼乳 单峰驼乳	≥	 3.5 3.4	GB 5009.5
非脂乳固体/（g/100g）	≥	8.5	GB 5413.39
酸度/°T		16~24	GB 5009.239

[a] 仅适用于全脂灭菌驼乳。

4.4 污染物限量

应符合 GB 2762 的要求。

4.5 真菌毒素限量

应符合 GB 2761 的要求。

4.6 微生物限量

应符合表3的要求。

表3　微生物限量

项目	采样方案[a]及限量（CFU/g）				检验方法
	n	c	m	M	
菌落总数	5	2	50 000	100 000	GB 4789.2
大肠菌群	5	2	1	5	GB 4789.3 平板计数法
金黄色葡萄球菌	5	0	0/25g（mL）	—	GB 4789.10 定性检验
沙门氏菌	5	0	0/25g（mL）	—	GB 4789.4

[a] 样品的分析及处理按 GB 4789.1 和 GB 4789.18 执行。

5 其他

应在产品包装主要展示面上紧邻产品名称的位置，使用不小于产品名称字号且字体高度不小于主要展示面高度五分之一的汉字标注"鲜驼（双峰驼、单峰驼）奶"或"鲜驼（双峰驼、单峰驼）乳"。

灭菌驼乳
Sterilized camel milk

标 准 号：T/CAAA 008—2019
发布日期：2019-01-07　　　　　　　实施日期：2019-01-07
发布单位：中国畜牧业协会

前　　言

本标准按照 GB/T 1.1—2009 给出的规则起草。

标准由中国畜牧业协会提出并归口。

本标准起草单位：内蒙古骆驼研究院、内蒙古农业大学、新疆旺源生物科技集团有限公司、内蒙古苏尼特驼业生物科技有限公司。

本标准主要起草人：郭富城、斯仁达来、明亮、伊丽、何静、海勒、陈钢粮、冉启伟、吉日木图。

灭菌驼乳

1 范围

本标准规定了灭菌驼乳的技术要求与其他。

本标准适用于全脂、脱脂和部分脱脂灭菌驼乳。

2 规范性引用文件

下列文件对于本文件的应用是必不可少的。凡是注日期的引用文件，仅注日期的版本适用于本文件。凡是不注日期的引用文件，其最新版本（包括所有的修改单）适用于本文件。

GB 2761　食品安全国家标准　食品中真菌毒素限量

GB 2762　食品安全国家标准　食品中污染物限量

GB 2763　食品安全国家标准　食品中农药最大残留限量

GB 4789.2　食品安全国家标准　食品微生物学检验　菌落总数测定

GB 4789.26　食品安全国家标准　食品微生物学检验　商业无菌检验

GB 5009.239　食品安全国家标准　食品酸度的测定

GB 5009.5　食品安全国家标准　食品中蛋白质的测定

GB 5009.6　食品安全国家标准　食品中脂肪的测定

GB 5413.39　食品安全国家标准　乳和乳制品中非脂乳固体的测定

3 术语和定义

下列术语和定义适用于本文件。

3.1 超高温灭菌驼乳 ultra high-temperature camel milk

以生驼乳为原料，添加或不添加复原驼乳，在连续流动的状态下，加热到至少132℃并保持4~10s灭菌，再经无菌灌装等工序制成的液体产品。

3.2 保持灭菌驼乳 retort sterilized camel milk

以生驼乳为原料，添加或不添加复原乳，无论是否经过预热处理，在灌装并密封之后经灭菌等工序制成的液体产品。

4 技术要求

4.1 原料要求

4.1.1 生驼乳

应符合 T/CAAA 007—2019 的要求。

4.1.2 驼乳粉

应符合 T/CAAA 011—2019 的要求。

4.2 感官要求

应符合表1的要求。

表 1　感官要求

项目	要求	检验方法
色泽	呈乳白色	取适量试样置于 50mL 烧杯中, 在自然光下观察色泽和组织状态。闻其气味, 用温开水漱口, 品尝滋味
滋味、气味	具有乳固有的香味, 无异味	
组织状态	呈均匀一致液体, 无凝块、无沉淀、无正常视力可见异物	

4.3　理化指标

应符合表 2 的要求。

表 2　理化指标

项目		指标	检验方法
脂肪[a]/（g/100g）	≥	4.0	GB 5009.6
蛋白质/（g/100g） 双峰驼乳 单峰驼乳	≥	 3.5 3.4	GB 5009.5
非脂乳固体/（g/100g）	≥	8.5	GB 5413.39
酸度/°T		16～24	GB 5009.239

[a] 仅适用于全脂灭菌驼乳。

4.4　污染物限量

应符合 GB 2762 的要求。

4.5　真菌毒素限量

应符合 GB 2761 的要求。

4.6　微生物要求

应符合商业无菌的要求, 按 GB 4789.26 规定的方法检验。

5　其他

5.1　仅以生驼乳为原料的超高温灭菌乳应在产品包装主要展示面上紧邻产品名称的位置, 使用不小于产品名称字号且字体高度不小于主要展示面高度五分之一的汉字标注"纯驼（双峰驼/单峰驼）奶"或"纯驼（双峰驼/单峰驼）乳"。

5.2　全部用驼乳粉生产的灭菌驼乳应在产品名称紧邻部位标明"复原驼乳"或"复原驼奶"；在生驼乳中添加部分驼乳粉生产的灭菌驼乳应在产品名称紧邻部位标明"含××%复原驼（双峰驼/单峰驼）乳"或"含××%复原驼（双峰驼/单峰驼）奶"。

注："××%"是指所添加驼乳粉占灭菌乳中全乳固体的质量分数。

5.3 "复原驼乳"或"复原驼奶"与产品名称应标识在包装容器的同一主要展示版面；标识的"复原驼乳"或"复原驼奶"字样应醒目，其字号不小于产品名称的字号，字体高度不小于主要展示版面高度的五分之一。

发酵驼乳
Fermented camel milk

标 准 号：T/CAAA 010—2019

发布日期：2019-01-07　　　　　　　　实施日期：2019-01-07

发布单位：中国畜牧业协会

前　　言

本标准按照 GB/T 1.1—2009 给出的规则起草。

本标准由中国畜牧业协会提出并归口。

本标准起草单位：内蒙古骆驼研究院、内蒙古农业大学、新疆旺源生物科技集团有限公司、内蒙古苏尼特驼业生物科技有限公司。

本标准主要起草人：郭富城、斯仁达来、明亮、伊丽、何静、海勒、陈钢粮、冉启伟、吉日木图。

发酵驼乳

1 范围

本标准规定了发酵驼乳的技术要求及其他。

本标准适用于全脂、脱脂和部分脱脂发酵驼乳。

2 规范性引用文件

下列文件对于本文件的应用是必不可少的。凡是注日期的引用文件，仅注日期的版本适用于本文件。凡是不注日期的引用文件，其最新版本（包括所有的修改单）适用于本文件。

GB 2760　食品安全国家标准　食品添加剂使用卫生标准

GB 2761　食品安全国家标准　食品中真菌毒素限量

GB 2762　食品安全国家标准　食品中污染物限量

GB 2763　食品安全国家标准　食品中农药最大残留限量

GB 4789.1　食品安全国家标准　食品微生物学检验　总则

GB 4789.2　食品安全国家标准　食品微生物学检验　菌落总数测定

GB 4789.3　食品安全国家标准　食品微生物学检验　大肠菌群计数

GB 4789.4　食品安全国家标准　食品微生物学检验　沙门氏菌检验

GB 4789.10　食品安全国家标准　食品微生物学检验　金黄色葡萄球菌检验

GB 4789.15　食品安全国家标准　食品微生物学检验　霉菌和酵母计

GB 4789.18　食品安全国家标准　食品微生物学检验　乳与乳制品检验

GB 4789.35　食品安全国家标准　食品微生物学检验　乳酸菌检验

GB 5009.239　食品安全国家标准　食品酸度的测定

GB 5009.5　食品安全国家标准　食品中蛋白质的测定

GB 5009.6　食品安全国家标准　食品中脂肪的测定

GB 5413.39　食品安全国家标准　乳和乳制品中非脂乳固体的测定

GB 14880　食品安全国家标准　食品营养强化剂使用标准

3 术语和定义

下列术语和定义适用于本文件。

3.1 发酵驼乳 fermented camel milk

以生驼乳为原料，经杀菌、发酵后制成的 pH 值降低的产品。

3.1.1 酸驼乳 camel yoghourt

以生驼乳或驼乳粉为原料，经杀菌、接种嗜热链球菌和保加利亚乳杆菌（德氏乳杆菌保加利亚亚种）发酵制成的产品。

3.2 风味发酵驼乳 flavored fermented camel milk

以 80% 以上生驼乳或驼乳粉为原料，添加其他原料，经杀菌、发酵后 pH 值降低，发酵前或发酵后添加或不添加食品添加剂、营养强化剂、果蔬、谷物等制成的产品。

3.2.1　风味酸驼乳 flavored camel yoghurt

以 80% 以上生驼乳或驼乳粉为原料，添加其他原料，经杀菌、接种嗜热链球菌和保加利亚乳杆菌（德氏乳杆菌保加利亚亚种）发酵前或后添加或不添加食品添加剂、营养强化剂、果蔬、谷物等制成的产品。

4　技术要求

4.1　原料要求

4.1.1　生驼乳

应符合 T/CAAA 007—2019 的要求。

4.1.2　其他原料

应符合相应安全标准和/或有关规定。

4.1.3　发酵菌种

保加利亚乳杆菌（德氏乳杆菌保加利亚亚种）、嗜热链球菌或其他由国务院卫生行政部门批准使用的菌种。

4.2　感官要求

应符合表 1 的要求。

表 1　感官要求

项目	要求		检验方法
	发酵驼乳	风味发酵驼乳	
色泽	色泽均匀一致，呈乳白色	具有与添加成分相符的色泽	取适量试样置于 50mL 烧杯中，在自然光下观察色泽和组织状态。闻其气味，用温开水漱口，品尝滋味
滋味、气味	具有发酵乳特有的滋味、气味	具有与添加成分相符的滋味和气味	
组织状态	组织细腻、均匀，允许有少量乳清析出；风味发酵驼乳具有添加成分特有的组织状态		

4.3　理化指标

应符合表 2 的要求。

表 2　理化指标

项目	指标		检验方法
	发酵驼乳	风味发酵驼乳	
脂肪[a]/（g/100g）　≥	4.0	3.2	GB 5009.6
蛋白质/（g/100g）　≥ 双峰驼发酵乳 单峰驼发酵乳	3.6 3.5	2.88 2.8	GB 5009.5

（续表）

项目		指标		检验方法
		发酵驼乳	风味发酵驼乳	
非脂乳固体/（g/100g） ≥		8.5	—	GB 5413.39
酸度/°T ≥		70.0		GB 5009.239

ᵃ 仅适用于全脂产品。

4.4 污染物限量

应符合 GB 2762 的要求。

4.5 真菌毒素限量

应符合 GB 2761 的要求。

4.6 微生物限量

应符合表3 的要求。

表3　微生物限量

项目		采样方案ᵃ 及限量（CFU/g 或 CFU/mL）				检验方法
		n	c	m	M	
大肠菌群		5	2	1	5	GB 4789.3 平板计数法
金黄色葡萄球菌		5	0	0/25g（mL）	—	GB 4789.10 定性检验
沙门氏菌		5	0	0/25g（mL）	—	GB 4789.4
酵母	≤	100				GB 4789.15
霉菌	≤	30				

ᵃ 样品的分析及处理按 GB 4789.1 和 GB 4789.18 执行。

4.7 乳酸菌数

应符合表4 的要求。

表4　乳酸菌数

项目		限量/［CFU/g（mL）］	检验方法
乳酸菌数ᵃ	≥	$1×10^6$	GB 4789.35

ᵃ 发酵后经热处理的产品对乳酸菌数不作要求。

4.8 食品营养强化剂

4.8.1　食品添加剂和营养强化剂质量应符合相应的安全标准和有关规定。

4.8.2　食品添加剂和营养强化剂使用应符合 GB 2760 和 GB 14880 的要求。

5 其他

5.1 发酵后经热处理的产品应标识"××热处理发酵驼乳""××热处理风味发酵驼乳""××热处理酸驼乳/奶"或"××热处理风味酸驼乳/奶"。

5.2 全部用驼乳粉生产的产品应在产品名称紧邻部位标明"复原驼乳"或"复原驼奶";在生驼乳中添加部分驼乳粉生产的产品应在产品名称紧邻部位标明"含××%复原驼乳"或"含××%复原驼奶"。注:"××%"是指所添加驼乳粉占产品中全乳固体的质量分数。

5.3 "复原驼乳"或"复原驼奶"与产品名称应标识在包装容器的同一主要展示版面;标识的"复原驼乳"或"复原驼奶"字样应醒目,其字号不小于产品名称的字号,字体高度不小于主要展示版面高度的五分之一。

驼乳粉
Camel milk powder

标 准 号：T/CAAA 011—2019
发布日期：2019-01-07　　　　　　　　实施日期：2019-01-07
发布单位：中国畜牧业协会

前　　言

本标准按照 GB/T 1.1—2009 给出的规则起草。

本标准由中国畜牧业协会提出并归口。

本标准起草单位：内蒙古骆驼研究院、内蒙古农业大学、新疆旺源生物科技集团有限公司、内蒙古苏尼特驼业生物科技有限公司。

本标准主要起草人：郭富城、斯仁达来、明亮、伊丽、何静、海勒、陈钢粮、冉启伟、吉日木图。

驼乳粉

1 范围

本标准规定了驼乳粉的技术要求。

本标准适用于全脂、脱脂、部分脱脂驼乳粉和调制驼乳粉。

2 规范性引用文件

下列文件对于本文件的应用是必不可少的。凡是注日期的引用文件,仅注日期的版本适用于本文件。凡是不注日期的引用文件,其最新版本(包括所有的修改单)适用于本文件。

GB 2760	食品安全国家标准	食品添加剂使用标准
GB 2761	食品安全国家标准	食品中真菌毒素限量
GB 2762	食品安全国家标准	食品中污染物限量
GB 4789.1	食品安全国家标准	食品微生物学检验 总则
GB 4789.2	食品安全国家标准	食品微生物学检验 菌落总数测定
GB 4789.3	食品安全国家标准	食品微生物学检验 大肠菌群计数
GB 4789.4	食品安全国家标准	食品微生物学检验 沙门氏菌检验
GB 4789.10	食品安全国家标准	食品微生物学检验 金黄色葡萄球菌检验
GB 4789.18	食品安全国家标准	食品微生物学检验 乳与乳制品检验
GB 5009.3	食品安全国家标准	食品中水分的测定
GB 5009.5	食品安全国家标准	食品中蛋白质的测定
GB 5009.6	食品安全国家标准	食品中脂肪的测定
GB 5009.239	食品安全国家标准	食品酸度的测定
GB 5413.30	食品安全国家标准	乳和乳制品杂质度的测定
GB 5413.39	食品安全国家标准	乳和乳制品中非脂乳固体的测定
GB 14880	食品安全国家标准	食品营养强化剂使用标准

3 术语和定义

下列术语和定义适用于本文件。

3.1 驼乳粉 camel milk powder

以生驼乳为原料,经加工制成的粉状产品。

3.2 调制驼乳粉 formulated camel milk powder

以生驼乳或其加工制品为主要原料,添加其他原料,添加或不添加食品添加剂和营养强化剂,经加工制成的乳固体含量不低于 70% 的粉状产品。

4 技术要求

4.1 原料要求

4.1.1 生驼乳

应符合 T/CAAA 007—2019 的要求。

4.1.2 其他原料

应符合相应的安全标准和/或有关规定。

4.2 感官要求

应符合表 1 的要求。

表 1 感官要求

项目	要求		检验方法
	驼乳粉	调制驼乳粉	
色泽	呈均匀一致的乳白色	具有应有的色泽	取适量试样置于 50mL 烧杯中，在自然光下观察色泽和组织状态。闻其气味，用温开水漱口，品尝滋味
滋味、气味	具有纯正的驼乳香味	具有应有的滋味、气味	
组织状态	干燥均匀的粉末		

4.3 理化指标

应符合表 2 的要求。

表 2 理化指标

项目	指标				检验方法
	全脂驼乳粉	部分脱脂驼乳粉	脱脂驼乳粉	调制驼乳粉	
脂肪[b]/% 双峰驼 单峰驼	≥28 ≥26	6~25	≤5	—	GB 5009.6
蛋白质/% ≥ 双峰驼乳粉 单峰驼乳粉	非脂乳固体[a] 的36% 非脂乳固体[a] 的34%		16.5		GB 5009.5
复原乳酸度/°T ≤	24		—		GB 5009.239
杂质度/（mg/kg） ≤	16		—		GB 5413.30
水分/% ≤	5.0				GB 5009.3

[a]非脂乳固体（%）＝100（%）-脂肪（%）-水分（%）。

[b]仅适用于全脂驼乳粉。

4.4 污染物限量

应符合 GB 2762 的要求。

4.5 真菌毒素限量

应符合 GB 2761 的要求。

4.6 微生物限量

应符合表 3 的要求。

表 3 微生物限量

项目	采样方案ᵃ 及限量（CFU/g）				检验方法
	n	c	m	M	
菌落总数ᵇ	5	2	50 000	200 000	GB 4789.2
大肠菌群	5	1	10	100	GB 4789.3 平板计数法
金黄色葡萄球菌	5	2	10	100	GB 4789.10 平板计数法
沙门氏菌	5	0	0/25g	—	GB 4789.4

ᵃ 样品的分析及处理按 GB 4789.1 和 GB 4789.18 执行。

ᵇ 不适用于添加活性菌种（好氧和兼性厌氧益生菌）的产品。

4.7 食品添加剂和营养强化剂

4.7.1 食品添加剂和营养强化剂质量应符合相应的安全标准和有关规定。

4.7.2 食品添加剂和营养强化剂使用符合 GB 2760 和 GB 14880 的要求。

发酵驼乳粉
Fermented camel milk powder

标 准 号：T/CAAA 012—2019
发布日期：2019-01-07　　　　　　　　实施日期：2019-01-07
发布单位：中国畜牧业协会

前　　言

本标准按照 GB/T 1.1—2009 给出的规则起草。

本标准由中国畜牧业协会提出并归口。

本标准起草单位：内蒙古骆驼研究院、内蒙古农业大学、新疆旺源生物科技集团有限公司、内蒙古苏尼特驼业生物科技有限公司。

本标准主要起草人：斯仁达来、郭富城、明亮、伊丽、何静、海勒、陈钢粮、冉启伟、吉日木图。

发酵驼乳粉

1 范围

本标准规定了发酵驼乳粉的技术要求。

本标准适用于仅以发酵驼乳为原料，经加工制成的粉状产品。

2 规范性引用文件

下列文件对于本文件的应用是必不可少的。凡是注日期的引用文件，仅注日期的版本适用于本文件。凡是不注日期的引用文件，其最新版本（包括所有的修改单）适用于本文件。

GB 2760　食品安全国家标准　食品添加剂使用标准
GB 2761　食品安全国家标准　食品中真菌毒素限量
GB 2762　食品安全国家标准　食品中污染物限量
GB 4789.1　食品安全国家标准　食品微生物学检验　总则
GB 4789.2　食品安全国家标准　食品微生物学检验　菌落总数测定
GB 4789.3　食品安全国家标准　食品微生物学检验　大肠菌群计数
GB 4789.4　食品安全国家标准　食品微生物学检验　沙门氏菌检验
GB 4789.10　食品安全国家标准　食品微生物学检验　金黄色葡萄球菌检验
GB 4789.18　食品安全国家标准　食品微生物学检验　乳与乳制品检验
GB 4789.35　食品安全国家标准　食品微生物学检验　乳酸菌检验
GB 5009.3　食品安全国家标准　食品中水分的测定
GB 5009.5　食品安全国家标准　食品中蛋白质的测定
GB 5009.6　食品安全国家标准　食品中脂肪的测定
GB 5009.239　食品安全国家标准　食品酸度的测定
GB 5413.30　食品安全国家标准　乳和乳制品杂质度的测定
GB 5413.39　食品安全国家标准　乳和乳制品中非脂乳固体的测定
GB 14880　食品安全国家标准　食品营养强化剂使用标准

3 术语与定义

下列术语和定义适用于本文件。

3.1 发酵驼乳粉 fermented camel milk powder

仅以发酵驼乳为原料，经加工制成的粉状产品。

4 技术要求

4.1 原料要求

4.1.1 发酵驼乳

应符合 T/CAAA 010—2019 的要求。

4.2 感官要求

应符合表 1 的要求。

表 1 感官要求

项目	要求	检验方法
色泽	具有应有的色泽	取适量试样置于 50mL 烧杯中，在自然光下观察色泽和组织状态。闻其气味，用温开水漱口，品尝滋味
滋味、气味	具有应有的滋味、气味	
组织状态	干燥均匀的粉末	

4.3 理化指标

应符合表 2 的要求。

表 2 理化指标

项目		指标	检验方法
脂肪/%	≥		
双峰驼		28	GB 5009.6
单峰驼		26	
蛋白质/%	≥		
双峰驼乳粉		非脂乳固体[a] 的36%	GB 5009.5
单峰驼乳粉		非脂乳固体[a] 的34%	
复原乳酸度/°T	≤	24	GB 5009.239
杂质度/（mg/kg）	≤	16	GB 5413.30
水分/%	≤	5.0	GB 5009.3

[a] 非脂乳固体（%）=100%-脂肪（%）-水分（%）。

4.4 污染物限量

应符合 GB 2762 的要求。

4.5 真菌毒素限量

应符合 GB 2761 的要求。

4.6 微生物限量

应符合表 3 的要求。

表 3 微生物限量

项目	采样方案[a] 及限量（CFU/g）				检验方法
	n	c	m	M	
菌落总数[b]	5	2	50 000	200 000	GB 4789.2

（续表）

项目	采样方案[a] 及限量（CFU/g）				检验方法
	n	c	m	M	
大肠菌群	5	1	10	100	GB 4789.3 平板计数法
金黄色葡萄球菌	5	2	10	100	GB 4789.10 平板计数法
沙门氏菌	5	0	0/25g	—	GB 4789.4

[a]样品的分析及处理按 GB 4789.1 和 GB 4789.18 执行。

[b]不适用于添加活性菌种（好氧和兼性厌氧益生菌）的产品。

4.7 乳酸菌数

应符合表4的要求。

表4 乳酸菌数

项目	限量/〔CFU/g（mL）〕	检验方法
乳酸菌数[a] ≥	$1×10^6$	GB 4789.35

[a] 发酵后经热处理的产品对乳酸菌数不作要求。

4.8 食品营养强化剂

4.8.1 食品添加剂和营养强化剂质量应符合相应的安全标准和有关规定。

4.8.2 食品添加剂和营养强化剂的使用应符合 GB 2760 和 GB 14880 的要求。

三、养殖管理规范

【团体标准】

乳用骆驼精料补充料
Concentrate supplementary feed of dairy camel

标 准 号：T/IMAS 045—2022
发布日期：2022-07-05　　　　　　　实施日期：2022-07-06
发布单位：内蒙古标准化协会

前　　言

本文件按照 GB/T 1.1—2020《标准化工作导则　第 1 部分：标准化文件的结构和起草规则》的规定起草。

本文件由内蒙古腾合泰沙驼产业有限责任公司提出。

本文件由内蒙古标准化协会归口。

本文件起草单位：内蒙古民族文化产业研究院、包头轻工职业技术学院、内蒙古腾合泰沙驼产业有限责任公司、内蒙古自治区市场监督管理审评查验中心。

本文件主要起草人：董杰、鲁永强、好斯毕力格、全小国、李亚楠、胡晓蓉、王文磊。

乳用骆驼精料补充料

1 范围

本文件规定了乳用骆驼精料补充料的质量要求、试验方法、检验规则、标签、包装、运输、贮存和保质期。

本文件适用于乳用骆驼泌乳期牧场集中饲喂的精料补充料。

2 规范性引用文件

下列文件中的内容通过文中的规范性引用而构成本文件必不可少的条款。其中，注日期的引用文件，仅该日期对应的版本适用于本文件；不注日期的引用文件，其最新版本（包括所有的修改单）适用于本文件。

GB/T 5917.1　饲料粉碎粒度测定　两层筛筛分法

GB/T 5918　饲料产品混合均匀度的测定

GB/T 6432　饲料中粗蛋白的测定　凯氏定氮法

GB/T 6434　饲料中粗纤维的含量测定　过滤法

GB/T 6435　饲料中水分的测定

GB/T 6436　饲料中钙的测定

GB/T 6437　饲料中总磷的测定　分光光度法

GB/T 6438　饲料中粗灰分的测定

GB/T 6439　饲料中水溶性氯化物的测定

GB 10648　饲料标签

GB 13078　饲料卫生标准

GB/T 14699.1　饲料　采样

GB/T 18246　饲料中氨基酸的测定

GB/T 18823　饲料检测结果判定的允许误差

JJF 1070　定量包装商品净含量计量检验规则

3 术语和定义

本文件没有需要界定的术语和定义。

4 质量要求

4.1 原料要求

4.1.1 原料的使用应符合《饲料原料目录》的规定。

4.1.2 饲料添加剂产品的使用应遵照产品标签所规定的用法、用量使用，应符合《饲料添加剂品种目录》和《饲料添加剂安全使用规范》的规定。

4.1.3 不应使用除乳制品外的动物源性饲料，不应使用违禁添加物。

4.2 感官指标

色泽正常，无发霉变质、结块，无异味。

4.3 加工质量指标

4.3.1 粉碎粒度

成品饲料99%通过3.5mm编织筛，1.40mm编织筛筛上物不得大于20%。

4.3.2 混合均匀度

成品饲料应混合均匀，其变异系数（CV）应不大于10.0%。

4.4 水分

不高于14.0%。

4.5 营养成分指标

精料补充料的营养成分指标应符合表1的规定。

表1 营养成分指标

项目		指标
粗蛋白质/%	≥	16.0
粗纤维/%	≤	10.0
粗灰分/%	≤	12.0
总磷/%	≥	0.6
赖氨酸/%	≥	0.6
钙/%		1.0~1.5
氯化钠/%		0.5~1.8

4.6 卫生指标

有毒有害物质及微生物限量应符合GB 13078的规定。

4.7 净含量

见《定量包装商品计量监督管理办法》的规定。

5 试验方法

5.1 样品采集与制备

按GB/T 14699.1的规定执行。

5.2 感官检验

采用目测鼻嗅的方法。

5.3 水分

按GB/T 6435规定的方法检验。

5.4 成品粒度

按GB/T 5917.1规定的方法检验。

5.5 混合均匀度

按GB/T 5918规定的方法检验。

5.6 粗蛋白

按GB/T 6432规定的方法检验。

5.7 粗纤维

按 GB/T 6434 规定的方法检验。

5.8 粗灰分

按 GB/T 6438 规定的方法检验。

5.9 总磷

按 GB/T 6437 规定的方法检验。

5.10 赖氨酸

按 GB/T 18246 规定的方法检验。

5.11 钙

按 GB/T 6436 规定的方法检验。

5.12 氯化钠

按 GB/T 6439 规定的方法检验。

5.13 卫生指标

按 GB 13078 规定的方法检验。

5.14 净含量

按 JJF 1070 规定的方法检验。

6 检验规则

6.1 组批

同一配料、同一工艺设备、同一班次生产的产品为一批。

6.2 抽样

按 GB/T 14699.1 规定的方法抽样。

6.3 出厂检验

6.3.1 每批产品出厂前应由公司质检部门进行检验,合格后并附合格证,方准出厂。

6.3.2 出厂检验项目:感观指标、水分、成品粒度、粗蛋白质、净含量。

6.4 型式检验

6.4.1 型式检验项目为 4.2~4.7 规定的项目。

6.4.2 出现下列情况之一时应及时进行型式检验:

　　a) 新产品投产时;

　　b) 当生产工艺、原料发生重大变化时;

　　c) 停产后恢复生产时;

　　d) 出厂检验结果与上次型式检验结果有较大差异时;

　　e) 国家质量监督管理部门提出检验要求时。

6.5 判定规则

6.5.1 如检测中有一项指标不符合本文件规定,应重新加倍取样进行复验,复验结果中有一项不合格即判定为不合格。

6.5.2 检测与仲裁判定各项指标合格与否时允许误差按 GB/T 18823 的规定执行。

7 标签、包装、运输、贮存和保质期

7.1 标签

应符合 GB 10648 的规定，并明确保质期。

7.2 包装

7.2.1 包装应完整，无污染、无异味。

7.2.2 包装物印油墨无毒，不应向内容物迁移。

7.2.3 包装物不应重复使用，生产方和使用方另有约定除外。

7.3 运输

7.3.1 运输作业应防止污染、防雨、防潮，保持包装完整。

7.3.2 饲料运输工具和装卸场地应定期清洗和消毒，不应使用运输畜禽等动物的车辆运输饲料产品。

7.4 贮存

7.4.1 贮存时应防止日晒、雨淋，禁止与有毒有害物质混贮。不合格或变质的饲料应做无害化处理，不应存放在饲料储存场所内。

7.4.2 饲料贮存场地不得使用化学灭鼠药和杀虫剂。加强饲料储存管理，防火，防盗。

7.5 保质期

在满足上述包装运输贮存条件下，产品保质期在 6 月至 9 月为 60 天，其他月份为 120 天。

参考文献

［1］ 中华人民共和国农业部公告第 1773 号《饲料原料目录》

［2］ 中华人民共和国农业部公告第 2045 号《饲料添加剂品种目录》

［3］ 中华人民共和国农业部公告第 2625 号《饲料添加剂安全使用规范》

［4］ 国家质量监督检验检疫总局令第 75 号 （2005）《定量包装商品计量监督管理办法》

乳用骆驼养殖技术规范
Specification of dairy camel feeding technology

标 准 号：T/IMAS 044—2022
发布日期：2022-07-05　　　　　　　　实施日期：2022-07-06
发布单位：内蒙古标准化协会

前　言

本文件按照 GB/T 1.1—2020《标准化工作导则　第 1 部分：标准化文件的结构和起草规则》的规定起草。

本文件由内蒙古腾合泰沙驼产业有限责任公司提出。

本文件由内蒙古标准化协会归口。

本文件起草单位：内蒙古民族文化产业研究院、包头轻工职业技术学院、内蒙古腾合泰沙驼产业有限责任公司、内蒙古自治区市场监督管理审评查验中心。

本文件主要起草人：董杰、鲁永强、好斯毕力格、全小国、李亚楠、胡晓蓉、王文磊。

乳用骆驼养殖技术规范

1 范围

本文件规定了乳用骆驼养殖的术语和定义、养殖场选址与布局、设施与设备、投入品管理、饲养管理、防疫与检疫、废弃物的处理、质量管理。

本文件适用于乳用骆驼的养殖。

2 规范性引用文件

下列文件中的内容通过文中的规范性引用而构成本文件必不可少的条款。其中，注日期的引用文件，仅该日期对应的版本适用于本文件；不注日期的引用文件，其最新版本（包括所有的修改单）适用于本文件。

GB 7959	粪便无害化卫生要求
GB 18596	畜禽养殖业污染物排放标准
GB/T 26624	畜禽养殖污水贮存设施设计要求
NY/T 388	畜禽场环境质量标准
NY/T 682	畜禽场场区设计技术规范
NY/T 1168	畜禽粪便无害化处理技术规范
NY/T 1569	畜禽养殖场质量管理体系建设通则
NY/T 2696	饲草青贮技术规程　玉米
NY 5027	无公害食品　畜禽饮用水水质
NY/T 5030	无公害农产品　兽药使用准则
NY 5032	无公害食品　畜禽饲料和饲料添加剂使用准则
DBS 15/015	食品安全地方标准　生驼乳

3 术语和定义

下列术语和定义适用于本文件。

3.1 驼羔　camel lamb

0 至 12 月龄骆驼。

3.2 育成骆驼　bred camel

12 月龄至初次配种前（一般为 12~60 月龄）骆驼。

3.3 青年骆驼　young camel

达到适配月龄到分娩（60 月龄至初产期）母骆驼。

3.4 成年骆驼　adult camel

产过一胎以上的泌乳、干乳或其他原因不产奶的母骆驼。

3.5 泌乳骆驼　lactating camel

处于泌乳期的成年母骆驼。

3.6 干乳骆驼 dry milk camel

处于干乳期的成年母骆驼。

4 养殖场选址与布局

4.1 选址

4.1.1 养殖场场址用地和选址应符合当地土地利用规划的要求和 NY/T 388 和 NY/T 682 要求。

4.1.2 养殖场周围 3km 以内应无化工厂、采矿场、皮革厂、肉品加工厂、屠宰场或其他畜禽养殖场等污染源。

4.1.3 养殖场应建在地势干燥、排水良好、通风、易于组织防疫的地方。

4.1.4 养殖场距离干线公路、铁路、城镇、居民区和公共场所 1km 以上。

4.1.5 养殖场应设置在水源方便、电源方便、通信方便、饲草料资源丰富的地方。

4.2 布局

4.2.1 场区设相对独立的生活区、生产区、饲草饲料供给区、隔离区、无害化处理区。

4.2.2 按性别、年龄、生长阶段设计驼舍，实行分阶段饲养工艺。设置独立的母骆驼栏舍、后备母骆驼栏舍、运动场、驼羔栏舍、荫棚等，各骆驼栏（舍）之间要相对隔离，布局整齐，周围绿化。

4.2.3 人流物流出入口应分开，场区入口设门卫室、在物流通道出入口配置车辆消毒池，生产区入口设消毒室和更衣室。

4.2.4 生活管理区建在常年主导风向的上风向和地势较高处，生产区建在生活管理区的下风向。

4.2.5 隔离驼舍、无害化处理区设在生产区主风向的下风或侧风向，与生产区、生活管理区之间要保持 200m 以上的距离。

4.2.6 场区内净道和污道应分开、不交叉。

4.2.7 驼舍设计应能保温隔热，地面和墙壁应便于消毒。驼舍设计应通风、采光良好，空气中有毒有害气体含量应符合 NY/T 388 的规定。

4.2.8 设置独立的饲料库、饲料加工车间、青贮窖、干草棚，干草棚中的草垛距房舍在 50m 以上，有防火设施，设有逃生通道。

4.2.9 检验室、兽医室应设置在方便观察骆驼生活和方便取样的位置。

4.2.10 设机械化挤奶厅。挤奶厅有泌乳骆驼进出的专用通道。挤奶厅附属设施间和骆驼乳贮藏间应位于挤奶厅的一侧，并有通向场外的通道。

5 设施与设备

5.1 骆驼栏舍

5.1.1 骆驼栏舍建筑要根据当地的气候特点来确定，高寒区的骆驼栏舍设计以防寒为主，采用封闭式骆驼栏舍，四面有墙，前后墙设有通风采光设施，有顶棚；其他地区以防暑为主采用开放式骆驼栏舍，三面有墙或背面有墙，有顶棚，敞开处设围栏。

5.1.2 骆驼栏舍建筑结构设计应符合分阶段饲养方式的要求。

5.1.3 骆驼栏舍间隔不低于 20m，骆驼栏舍宜采用砖混彩钢结构，建筑保温隔热性能、防火等级、耐腐蚀程度、地面载荷、地面标高等基本要求应符合 NY/T 682 的规定。

5.1.4 骆驼栏舍有封闭式、半开放式、开放式，骆驼栏舍内饲养密度大于等于每峰 8m²，骆驼栏舍饲料道的宽度在 6m 左右，便于机械饲喂操作。

5.1.5 骆驼栏舍建筑面积按每峰 8~9m² 计算，单列式跨度 14~16m。双列式跨度 26m。头对头式中间为饲料通道，两边各有宽度 10m 的棚舍。

5.1.6 母骆驼繁育场有单独母骆驼栏舍、驼羔栏舍、育成骆驼栏舍，有运动场（大于等于每峰 15m²）。

5.1.7 骆驼栏舍内有固定食槽，运动场或驼羔栏舍设补饲槽，运动场设饮水槽。

5.1.8 有混合饲料搅拌加工设备，有足够容量（每峰 10m³）的青贮设施，有青贮设备，有足够容量（每峰 2t）的干草棚库。

5.2 运动场

5.2.1 运动场宽度以骆驼栏舍长度一致对齐为宜，面积按每峰骆驼 20~30m² 为宜。运动场按 40~50 峰的规模用围栏划分成小区域。

5.2.2 运动场地面以自然土壤或砂质为宜，铺平、夯实，中央高，向东、西、南方向呈 3/100~5/100 坡度状态。

5.2.3 运动场边设饮水槽。槽长 6~8m，上宽 0.5m，槽底宽 0.4m，槽高 0.4~0.5m。每 40~50 峰骆驼设一个饮水槽，要保证供水充足、新鲜、卫生。

5.2.4 在运动场内设矿物质添加剂槽。长 2~3m，宽 0.4~0.5m，槽深 0.2~0.3m。

5.2.5 运动场周围建造围栏，高度 1.6~2.0m，结实耐用。

5.3 挤奶设施

5.3.1 挤奶厅设入口和出口，挤奶厅两侧设驼羔栏。

5.3.2 挤奶厅建设与乳用骆驼饲养规模相配套：配备符合挤奶生产和防疫要求的固定式或移动式机械化挤奶设备、消毒设备、粪污处理设施和卫生清理设施。

5.3.3 挤奶厅建筑面积按平均每峰骆驼占地 10~15m² 计算。

5.3.4 墙面应易于清洁，地面水泥抹面。高寒区安装暖气或其他保温设备，厅内温度维持在 10~20℃；其他地区安装通风设备。

5.3.5 配备制冷、冷热水供应设备、更衣设施、洗涤消毒设备、产奶量显示及记录等配套设施。

5.3.6 生鲜驼乳的贮藏采用具有制冷功能、表面光滑不锈钢制成的贮奶罐或速冻设备，配备运输生鲜骆驼乳的奶罐车或冷链运输工具。

5.3.7 设生鲜奶检验室，配备质量检测设备。

5.4 配套设施

5.4.1 电力负荷为民用建筑供电等级二级，并自备发电机组，自备电源的供电容量不低于全场区电力负荷的 1/4。

5.4.2 道路畅通，与场区外运输线路连接的主干道宽度不低于 6m。通往骆驼栏舍、饲料库、草棚及贮粪池等的运输支干道宽度不低于 3m。骆驼栏舍到挤奶厅设专用道路。兽医室应有单独道路，不应与其他道路混用。

5.4.3 有保证每百峰骆驼日用水量在不低于 5t 的供水设施，并定期清洗消毒饮水设备设施。

5.4.4 污水由地下暗道排放，雨、雪水设明沟排放。污水应经过处理并符合相关标准或规定的要求。

5.4.5 养殖场四周设围墙、围栏、隔离带。

5.4.6 饲料库和草棚的建设应符合保证生产、合理贮备的原则，与骆驼栏舍有100m以上的距离。饲料库应满足贮存1~2个月生产精料需要量的要求；草棚应满足贮存3~6个月生产需要量的要求。

5.4.7 青贮窖池建设符合 NY/T 2696 的规定要求。

5.4.8 粪便、污水储存场所应具备防雨、防渗漏、防溢流措施，粪便和污水的储存和处理应符合 GB/T 26624 和 NY/T 1168 的规定，排放应符合 GB 18596 的规定。

6 投入品管理

6.1 饲料和饲料添加剂

饲料和饲料添加剂使用应符合 NY 5032、《饲料原料目录》《饲料添加剂品种目录》《饲料药物添加剂使用规范》和《饲料添加剂安全使用规范》的规定。

6.2 饮用水

场区应具有取用方便、数量充足的饮用水源，水质应符合 NY 5027 的规定。

6.3 疫苗和兽药

6.3.1 骆驼的疫苗使用要求见《中华人民共和国动物防疫法》《兽用生物制品管理办法》及其配套法规。防疫器械在防疫前后应彻底消毒。

6.3.2 兽药的使用遵循科学免疫预防、合理规范用药的原则，在有效预防、治疗疫病的前提下，最大限度地减少化学药品和抗生素的使用。兽药使用应符合《中华人民共和国兽药典》和 NY/T 5030 的规定，严格执行休药期，并做好入库台账和使用记录。

7 饲养管理

7.1 基本要求

7.1.1 分群管理，定位饲养。规模养殖应按骆驼性别、个体大小、年龄、采食快慢以及性情不同而分槽定位，防止互相争食。饲料要多样化，营养全面，适口性好。

7.1.2 骆驼栏舍环境指标应达到 NY/T 388 的要求。

7.1.3 饲养规范，饲料不堆槽、不空槽，无发霉变质等。

7.1.4 饲喂要定时定量，少喂勤添，草切短，保持干净卫生。饲养管理程序和草料种类不能骤然改变。

7.1.5 骆驼场供水量应充足，满足生产和生活用水。保证骆驼适时、充足饮水，饮用水温度应保持在 0~28℃。

7.1.6 饮水、饲喂设备要定期清洗、消毒。每日清扫驼舍，保持料槽、水槽等用具干净和地面清洁。

7.1.7 补盐。在盐生性植被较少或缺乏的地区尤其应注意补盐。幼驼和哺乳母驼对盐分的需要明显较骟驼高。舍饲养殖若长期缺盐，骆驼会因口淡而食欲减退，幼驼生长停滞，母驼产乳量减少。可采用饮水补盐或饲槽补盐的方式饲喂，以一峰成年骆驼一昼夜补给食盐 100g 为宜。

7.1.8　按照 NY/T 1569 的规定制定生产管理、卫生防疫、设备维护、人员管理等各项制度并公示。细心观察驼群健康状况，发现疾病及时治疗，做好用药记录。

7.1.9　养殖档案见《畜禽标识和养殖档案管理办法》的要求，养殖档案保存 2 年以上。

7.1.10　有 1 名以上经过畜牧兽医专业知识培训的技术人员。

7.1.11　卫生防疫消毒设施、设备要保持良好运行状态，消毒液应合格并维持在特定的浓度，不同的消毒液定期交替使用。

7.1.12　制定合理的疫苗免疫程序，按程序严格执行。

7.2　驼羔（0~12 月龄）

7.2.1　饲养

7.2.1.1　驼羔出生后尽快吃到初乳。哺乳期产后 1~15 天喂初乳，15 天后喂常乳及开始训练给饲精粗饲料，粗饲料选用优质青干草。

7.2.1.2　15d 后的驼羔，喂给营养丰富、易于消化的饲料，逐渐增加优质粗饲料的喂量，选择优质秸秆、干草供驼羔自由采食，饲料要切碎，叶片多、茎秆少，驼羔料应含16%~20%的粗蛋白；先精饲料后多汁饲料，再次是青贮饲料，然后是优质干草，最后饮水。不应突然更换饲料。

7.2.1.3　出生 15~40 天后训练其开食，至断奶时，精料日喂量应在 1~1.5kg。15 日龄可自由采食优质柔软的青干草 5~8kg，并补喂全价精料，补饲量应逐步增加。2 周岁以下驼羔应每天给予 1~2kg 混合精料、20g 左右食盐。

7.2.1.4　4 月龄后饲喂青贮饲料，日饲喂量为 3~4kg，精料日饲喂量 1.5~2kg，每天饲喂 2~3 次，干物质采食量日饲喂量逐步达到 4.5kg。

7.2.1.5　每天保持与母驼共舍 12~18h 以上。

7.2.1.6　保证充足、新鲜、清洁卫生的饮水，冬季饮温水。

7.2.2　管理

7.2.2.1　驼羔初生时应称重编号，做好档案卡片。应经常观察驼羔精神状况，发现问题及时处理。

7.2.2.2　初生后驼羔与母驼共圈饲养，挤奶前 4~6h 分圈饲养。断奶后驼羔按月龄体重分群饲养或放养，自由采食。

7.2.2.3　保持圈舍清洁卫生、通风、干燥，定期打扫、观察、消毒，预防疾病发生，加强管理。

7.2.2.4　定期进行体尺测量并做好发育记录。满 12 月龄时称体重、测体尺，转入育成骆驼舍饲养。

7.2.2.5　驼羔断奶，应根据驼羔的生长发育情况确定断奶时间，一般在翌年 4~5 月份，即驼羔 13~14 月龄时进行。对驼羔实施断奶后，公母分群饲养。

7.3　育成骆驼

7.3.1　饲养

育成骆驼一般采用放养（自由采食）。如采用舍饲参照成年母骆驼饲养。

7.3.2 管理

7.3.2.1 48月龄以后注意观察发情反应是否正常，并做好发情记录。

7.3.2.2 育成驼去势。不留做种用的公驼要及时去势，在4~7岁都可去势，以5岁最佳。过早会由于缺少雄性激素的刺激而影响骨骼发育；超过5岁会因精索变粗、止血困难而不利于手术操作。去势时间应选择在11月至次年3月无蝇蚊的晴朗天气。骆驼去势方法有多种，在止血方面最为可靠的是非开放式和开放式结扎去势法，非开放式宜用于青年驼，开放式用于老龄驼。

7.4 青年骆驼

7.4.1 饲养

7.4.1.1 60月龄至初产期的日粮以中等质量的粗饲料为主，少喂勤添，自由采食。混合精料日饲喂量不低于2.5kg，日粮粗蛋白水平达到12%，日粮干物质日采食量控制在11~12kg。

7.4.1.2 预产前60天的混合精料日饲喂量为2.5~3kg，日粮粗蛋白水平12%~13%。

7.4.1.3 预产前60天至预产前21天的日粮干物质日采食量控制在10~11kg，以中等质量的粗饲料为主，日粮粗蛋白水平14%，混合精料日饲喂量不低于3kg。

7.4.1.4 预产前21天至分娩采用干奶后期饲养方式，日粮干物质日采食量控制在10~11kg，日粮粗蛋白水平14.5%，混合精料日饲喂量不低于4.5kg。

7.4.2 管理

7.4.2.1 做好发情鉴定、配种、妊娠检查等工作并做好记录，在母骆驼体重达到350kg以上（60月龄以上）时进行自然配种或人工授精配种。

7.4.2.2 做好青年骆驼的保胎工作；根据体膘状况和胎儿发育阶段，合理控制精料饲喂量，防止过肥或过瘦。

7.4.2.3 注意观察乳腺发育，保护好乳房，杜绝乳房、乳头的损坏。

7.4.2.4 临产前15天应转入产房，按围产期骆驼饲养管理办法执行。保持圈舍、产房干燥、清洁，严格执行消毒程序。

7.4.2.5 注意观察骆驼临产症状，以自然分娩为主，掌握适时、适度的助产方法。

7.5 成年母骆驼

7.5.1 一般饲养管理

7.5.1.1 成年母骆驼可以根据不同泌乳阶段进行分群饲养。

7.5.1.2 成年母骆驼一天饲喂2~3次，固定饲喂时间，固定饲喂顺序。

7.5.1.3 保持母驼体卫生，在喂料之后，挤奶之前应进行母驼体的刷拭，驼舍、运动场清扫干净。

7.5.1.4 饲养员相对固定。产奶骆驼每天挤奶1~2次。

7.5.1.5 各种饲料应做到均衡供应，避免饲料突然转换。

7.5.2 妊娠后期及哺乳母驼饲养管理

妊娠后期加强母驼营养，选用优质粗饲料，增加蛋白质饲料喂量，保证胎儿发育和母驼营养需要。妊娠末期适当调整母驼日粮，饲料种类要多样化，补充青绿多汁饲料，减少玉米等能量饲料；不饮冰冻水；每天适当运动。

7.5.3 泌乳母骆驼

7.5.3.1 饲养

7.5.3.1.1 减少能量负平衡影响，提高日粮能量浓度，日粮干物质采食量应从占体重的 2.5%～3.0%，逐渐增加到 3.5% 以上；粗蛋白水平 16%～18%，钙 0.7%，磷 0.45%；精粗比由 40∶60 逐渐过渡到 60∶40，精饲料随产奶的上升而逐步增加，奶料比一般为 2.5∶1，最高精料日饲喂量不超过 15kg，通常 8～12kg，青贮 10～12.5kg，秸粉 3～4kg，干草自由采食，充足供水。

7.5.3.1.2 母驼分娩后，喂给温麸皮红糖水或小米粥，母驼外阴消毒。驼羔出生后及时清除驼羔鼻内黏液，断脐，消毒。饲喂应先粗后精，少添勤喂，适时饮水，长草短喂，杜绝突然变换草料。哺乳前期（4 个月）母驼日喂精料 3～5kg；补饲粗饲料或青绿多汁饲料 8～10kg，以促进泌乳、满足驼羔生长发育的需要。哺乳中后期（5～12 个月）母驼日喂精料 2～3kg，以保持哺乳母驼饲料中充足的蛋白质、维生素和矿物质营养；同时补饲青贮 8～10kg，麦草 3kg；每 3 天在户外放牧 1 天。

7.5.3.1.3 多饲喂优质干草，对体重降低严重的骆驼适当补充脂肪类饲料并适量补充维生素 A、维生素 D、维生素 E 和微量元素，饲喂小苏打等缓冲剂以保证瘤胃内环境平衡。

7.5.3.1.4 适当增加饲喂次数，运动场采食槽应有充足精补料。

7.5.3.2 管理

7.5.3.2.1 产房应无贼风，光线充足，备好碘酒、药棉等消毒药品。母驼分娩前对产房清扫、消毒，保持温暖、干燥、卫生。

7.5.3.2.2 初产母驼若拒哺驼羔，可人工辅助驼羔进行哺乳。产驼羔后 3～4 周剪去母驼嗉毛、鬃毛和肘毛。带羔母驼的被毛脱落较晚，收毛时应先收四肢、腹下、颈部和体侧毛，背毛待到小暑后收取。

7.5.3.2.3 经过调教，驯化的骆驼可采用挤奶设备挤奶。挤奶前让驼羔在旁边吮吸母乳，然后隔离驼羔，接上挤奶设备吸乳，不能空挤。

7.5.3.2.4 日产奶超过 2kg 以上的骆驼每天应挤奶 3～4 次。

7.5.3.2.5 密切关注发情反应及生殖器官的恢复，做好产后监控，以产后 8 个月配种最佳，易在泌乳高峰期配种受孕。

7.5.4 干乳骆驼

干乳骆驼一般采用放养（自由采食）。

8 防疫与检疫

8.1 防疫

8.1.1 防疫总则

应贯彻"以防为主，防治结合"的方针，防止疾病的传入或发生，控制传染病和寄生虫病的传播，结合本场做好防疫与检疫，制定防疫措施。

8.1.2 防疫措施

8.1.2.1 建立出入登记制度，非生产人员不应进入生产区。工作人员按消毒程序穿戴工作服通过消毒间，方可进入生产区。

8.1.2.2 每年应进行健康体检，确系无病，持证上岗，并不应串岗。

8.1.2.3 场区不应饲养其他畜禽；禁止将畜禽及其产品带入场区。生产工具不应串用。

8.1.2.4 定期喷洒杀虫剂，防止蚊蝇滋生。运载车辆应经过严格消毒后进入指定区域装车。

8.1.2.5 淘汰及出售骆驼应经检疫并取得检疫合格证明后方可出场。

8.1.2.6 当奶驼发生疑似传染病或附近牧场出现烈性传染病时，应立即上报动物防疫监督机构，采取隔离封锁和其他应急措施。

8.1.2.7 死亡骆驼作无害化处理，见《病死及病害动物无害化处理技术规范》的规定。

8.1.3 免疫

结合当地实际情况，免疫程序参见《中华人民共和国动物防疫法》及其配套法规的要求制定。选择适宜的疫苗对规定疫病和有选择的疫病进行预防接种并做好记录。

8.2 检疫

应按照国家有关规定和当地畜牧兽医主管部门的具体要求，制定疫病监测方案及检疫；每年对全群进行结核病、布鲁氏菌病等疫病进行检疫和监测并做好记录。

9 废弃物的处理

9.1 发生确认为患有传染病时见《病死及病害动物无害化处理技术规范》的规定处理。

9.2 粪污经堆积发酵处理后达到 GB 7959 的要求。

9.3 粪便按照 NY/T 1168 的规定处理。

10 质量管理

10.1 制度及人员管理

10.1.1 建立质量安全管理机构及岗位责任制、档案管理制度等各项制度。

10.1.2 建立培训及考核档案，有 2 名以上持国家职业资格证书的机械挤奶员。

10.1.3 每年进行健康检查，取得健康合格证后方可上岗，建立职工健康档案。

10.2 产品质量

生驼乳有关要求应符合 DBS 15/015 的规定。

10.3 档案与记录管理

10.3.1 按养殖场（区）档案管理有关要求如实填写记录。

10.3.2 育种及驼只系谱记录长期保存；生产记录至少保存 2 年。

10.3.3 驼奶的产品销售记录及弃奶期异常驼奶的处理记录与兽药使用记录相吻合并具有追溯性。

参考文献

[1] 中华人民共和国农业部公告第 168 号《饲料药物添加剂使用规范》

[2] 中华人民共和国农业部公告第 1773 号《饲料原料目录》

[3] 中华人民共和国农业部公告第 1521 号《中华人民共和国兽药典》

［4］　中华人民共和国农业部公告第 2045 号《饲料添加剂品种目录》

［5］　中华人民共和国农业部公告第 2625 号《饲料添加剂安全使用规范》

［6］　中华人民共和国农业部令第 67 号《畜禽标识和养殖档案管理办法》

［7］　《中华人民共和国动物防疫法》

［8］　《兽用生物制品管理办法》

［9］　《病死及病害动物无害化处理技术规范》

四、产品生产规范

【团体标准】

奶真实性鉴定　实时荧光 PCR 法
Identification of milk authenticity —
Real-time PCR method

标　准　号：T/TDSTIA 035—2023
发布日期：2023-08-10　　　　　　　实施日期：2023-08-12
发布单位：天津市奶业科技创新协会

前　　言

本文件按照 GB/T 1.1—2020《标准化工作导则　第 1 部分：标准化文件的结构和起草规则》的规定起草。

本文件的某些内容可能涉及专利。本标准的发布机构不承担识别这些专利的责任。本文件由国家奶业科技创新联盟提出并归口，其他单位可参考。

本文件起草单位：中国农业科学院北京畜牧兽医研究所、农业农村部奶产品质量安全风险评估实验室（北京）、农业农村部奶及奶制品质量监督检验测试中心（北京）、国家奶业科技创新联盟、中优乳奶业研究院（天津）有限公司。

本文件主要起草人：郑楠、苏莹莹、叶巧燕、刘慧敏、王加启、屈雪寅、郝欣雨、张宁、张养东。

奶真实性鉴定　实时荧光 PCR 法

1　范围

本文件规定了奶的动物源性成分实时荧光 PCR 检测方法。

本文件适用于奶牛奶、水牛奶、牦牛奶、山羊奶、绵羊奶、马奶、驴奶和骆驼奶动物源性成分的真实性鉴定。

2　规范性引用文件

下列文件中的内容通过文中的规范性引用而构成本文件必不可少的条款。其中，注日期的引用文件，仅该日期对应的版本适用于本文件；不注日期的引用文件，其最新版本（包括所有的修改单）适用于本文件。

GB/T 6682　分析实验室用水规格和试验方法

GB/T 27403　实验室质量控制规范　食品分子生物学检测

GB/T 34796　水溶液中核酸的浓度和纯度检测　紫外分光光度法

3　术语和定义

下列术语和定义适用于本文件。

3.1　实时荧光 PCR　real-time PCR

在 PCR 反应体系中加入荧光基团，通过荧光信号的积累实时监控整个 PCR 扩增过程。

3.2　Ct 值　Cycle threshold

每个反应管内的荧光信号达到设定的阈值时所经历的循环数。

4　缩略语

下列缩略语适用于本文件。

DNA：脱氧核糖核酸（deoxyribonucleic acid）

Tris：三羟甲基氨基甲烷（trihydroxymethyl aminomethane）

EDTA：乙二胺四乙酸（ethylenediamine tetraacetic acid）

TE：由三羟甲基氨基甲烷和乙二胺四乙酸配制而成（Tris-EDTA buffer solution）

PBS：磷酸缓冲盐溶液（phosphate buffered saline）

DEPC：焦碳酸二乙酯（diethyl pyrocarbonate）

pUC57：大肠杆菌克隆质粒，大小为 2 710bp。

5　原理

本标准采用 TaqMan 实时荧光 PCR 技术，根据线粒体 DNA 上动物种间多态性的差异设计特异性引物和探针，利用多重实时 real-time PCR 技术，在两个四重体系反应中对待检样品提取的 DNA 进行 PCR 扩增，根据扩增特异性片段结果，实现 8 种畜奶物种源性成分的定性检测。

6 引物和探针

8 种畜奶物种特异性引物探针序列见表 1。

表 1 引物探针序列

目标物种	序列（5′-3′）	扩增目的片段大小（bp）
奶牛，水牛，牦牛	F：CCTAGCAATACACTACACATCCG R：TTGAAGCTCCGTTTGCGT 奶牛-P：TCTGTTACCCATATCTGCCGAGACGTG 水牛-P：CGTGAACTATGGATGAA 牦牛-P：CTCCGTTGCCCATAT	106
山羊，绵羊	F：ATAGGCTATGTTTTACCATGAGGAC R：CATTCGACTAGGTTTGTGCCA 山羊-P：ACAGTCATCACTAATCTTCTTTCAGCAATCCC 绵羊-P：TATTACCAACCTCCTTTC	104
马，驴	F：AGACCCAGACAACTACACCCC R：TTGTTGGGAATGGAGCGTA 马-P：TACTTCCTGTTTGCCTAC 驴-P：TTCCTATTTGCTTACGCC	108
骆驼	F：ACAGGCTCTAATAACCCGACAG R：GGTGAGAACAGTACGAGAATAAGG 骆驼-P：CTCCTCAGACATAGACA	134

注：F 代表上游引物；R 代表下游引物；P 代表探针。

7 试剂或材料

除另有规定外，所有试剂均为分析纯或生化试剂。试验用水符合 GB/T 6682 中一级水的要求。

7.1 异丙醇。

7.2 无水乙醇。

7.3 Tris-HCl，1mol/L，pH 8.0：在 800mL 去离子水中溶解 121.1g Tris，冷却至室温后用浓盐酸调节溶液的 pH 值至 8.0，加水定容至 1L，分装后高压灭菌。

7.4 乙二胺四乙酸钠盐（EDTA-Na$_2$·2H$_2$O）。

7.5 2×TaqMan Fast qPCR Master Mix，也可用等效的实时荧光 PCR 预混液。

7.6 1×TE 缓冲液：在 800mL 水中，依次加入 10mL 的 1mol/L Tris-HCl（pH8.0）和 2mL 的 0.5mol/L EDTA（pH 8.0），用水定容至 1L，分装后高压灭菌。

7.7 PBS 缓冲液：称取 8g NaCl、0.2g KCl、1.44g Na$_2$HPO$_4$、0.24g KH$_2$PO$_4$，加入 800mL 水溶解，用 HCl 调节 pH 至 7.4，加水定容至 1 000mL，在 121℃ 条件下，灭菌 30min。

7.8 DEPC 水。

7.9 磁珠法血液基因组 DNA 提取试剂盒，也可使用其他等效方法提取 DNA。

7.10 阳性质粒：将合成的引物扩增的目的片段基因序列插入 pUC57 载体，构建重组质粒，经 PCR 及测序鉴定为准确无误的重组质粒作为阳性对照。

7.11 双蒸水：重蒸水的一种。

7.12 EP 管。

8 仪器设备

8.1 实时荧光 PCR 仪。

8.2 紫外分光光度计或核酸蛋白测定仪。

8.3 微量移液器（0.1~2.5μL、0.5~10μL、10~100μL、100~1 000μL）。

8.4 干式恒温器金属浴。

8.5 离心机：转速不低于 6 000r/min。

8.6 涡旋震荡仪。

8.7 高压灭菌锅。

8.8 生物安全柜。

9 试验步骤

9.1 DNA 提取

量取待测奶样 1mL，或将奶粉样品按 1：8 用双蒸水溶解配制成复原乳后取 1mL，分别置于干净 2mL EP 管中，6 000r/min 离心 10min；弃去上层脂质层与中间层液体，加入 1mL TE 缓冲液反复冲洗沉淀，6 000r/min 离心 10min；弃去清液，加入 1mL PBS 反复冲洗沉淀，6 000r/min 离心 10min；弃去清液，加入 500μL PBS 反复冲洗沉淀，6 000r/min 离心 10min；弃去清液，加入 200μL PBS 反复冲洗沉淀，参照《磁珠法血液基因组 DNA 提取试剂盒说明书》进行 DNA 的提取。

9.2 DNA 浓度和纯度的测定

按照 GB/T 34796 方法测定并计算 DNA 的浓度，判定 DNA 浓度和纯度，当 A260/A280 比值在 1.7~1.9 之间时，适用于 PCR 扩增。

注：实时荧光 PCR 扩增试验前，应将 DNA 浓度稀释至 5~20ng/μL 范围。

9.3 实时荧光 PCR 扩增

检测过程设置空白对照、阴性对照和阳性对照。

以双蒸水为空白对照，以不含目标成分的样品作为阴性对照，用含目标片段的阳性质粒作为阳性对照。

使用本文件表 1 中列出的荧光标记引物和探针进行 PCR 扩增，根据探针类型以奶牛、水牛、驴、骆驼和牦牛、山羊、绵羊、马、驴两个组合建立两个四重体系，以 Ct 平均值作为最终结果。反应体系的体积为 20μL，体系组成见表 2。

表 2　实时荧光 PCR 反应体系组成

试剂名称	终浓度	体积（μL）
2×TaqMan Fast qPCR Master Mix	1×	10
上游引物（10μmol/L）	0.2μmol/L	0.4
下游引物（10μmol/L）	0.2μmol/L	0.4
探针（10μmol/L）	0.2μmol/L	0.3

（续表）

试剂名称	终浓度	体积（μL）
DNA 模板（5ng/μL）	—	1.0
RNase free ddH$_2$O	—	补至 20

9.4 扩增条件

94℃预变性 3min，然后 94℃变性 5s、57℃退火 15s、72℃延伸 30s，共 40 个循环。

10 标准曲线和扩增效率

分别将 8 种奶 DNA 溶液从 20ng/μL 经 5 倍梯度逐级稀释至 0.00128ng/μL，以同级别浓度梯度分别进行等体积混合，以混合后的 DNA 为模板进行多重实时荧光 PCR 扩增，各浓度进行 3 个平行，以浓度的对数为横坐标，Ct 值为纵坐标制作标准曲线，并按公式 $Ef\% = (10^{-1/斜率} - 1) \times 100\%$ 计算扩增效率，以此来考察该方法的灵敏度。

表3 多重实时荧光 PCR 标准曲线和扩增效率

奶源	标准曲线	R^2	扩增效率（%）
奶牛	$y = -3.3758x + 26.636$	0.9914	97.80
水牛	$y = -3.5683x + 26.698$	0.9956	90.65
牦牛	$y = -3.5169x + 26.261$	0.9957	92.46
山羊	$y = -3.5818x + 27.385$	0.9900	90.19
绵羊	$y = -3.3806x + 25.735$	0.9965	97.61
马	$y = -3.5528x + 29.88$	0.9911	91.19
驴	$y = -3.4092x + 25.785$	0.9967	96.48
骆驼	$y = -3.5664x + 25.984$	0.9932	90.72

11 结果判定

11.1 阳性对照

荧光通道有荧光信号检出，且出现典型的扩增曲线，Ct 值≤35。

11.2 空白对照、阴性对照

荧光通道无荧光信号检出，或有荧光信号但无典型扩增曲线，Ct 值>35。

11.3 样品判定

荧光通道有荧光信号检出，且出现典型的扩增曲线，Ct 值≤35，判定为阳性；荧光通道无荧光信号检出，或有荧光信号但无典型扩增曲线，Ct 值>35，判定为阴性。

12 结果表述

结果为阳性者，表述为"检出×××（目标物种）成分"。

结果为阴性者，表述为"未检出×××（目标物种）成分"。

13 检出限

以骆驼奶为基质，总体积为 1mL，按 90%、70%、50%、30%、10%、5%、1%、0.5%、0.1%、0.01%，10 个不同的体积比，分别向其中掺入牛奶、水牛奶、驴奶和牦牛奶、山羊奶、绵羊奶、马奶。骆驼奶的模拟掺假样品以山羊奶为基质，按照上述 10 个比例掺入骆驼奶。8 种畜奶源性成分的检出限见表 4。

表 4 8 种畜奶源性成分的检出限

物种	检出限（%）
奶牛	0.10
水牛	0.5
牦牛	0.01
山羊	0.01
绵羊	0.01
马	0.5
驴	0.5
骆驼	0.01

14 检验过程中防止交叉污染的措施

按照 GB/T 27403 中附录 D 的规定执行。

附录 A
（规范性）
8 种畜奶物种源性成分扩增靶标序列

奶牛成分的基因扩增靶标参考序列（GenBank：NC_006853.1）：
CCTAGCAATACACTACACATCCGACACAACAACAGCATTCTCCTCTGTTACCCATATC
TGCCGAGACGTGAACTACGGCTGAATCATCCGATACATACACGCAAACGGAGCTTCA
A

水牛成分的基因扩增靶标参考序列（GenBank：NC_006295.1）：
CCTAGCAATACACTACACATCCGACACAACAACAGCATTCTCCTCCGTCGCCCACATC
TGCCGGGACGTGAACTATGGATGAATTATTCGATACATACACGCAAACGGAGCTTCA
A

牦牛成分的基因扩增靶标参考序列（GenBank：NC_025563.1）：
CCTAGCAATACACTACACATCCGATACAACAACAGCATTCTCCTCCGTTGCCCATATC
TGCCGAGACGTGAACTACGGCTGAATTATCCGATATATACACGCAAACGGAGCTTCA
A

山羊成分的基因扩增靶标参考序列（GenBank：NC_005044.2）：
ATAGGCTATGTTTTACCATGAGGACAAATATCATTTTGAGGGGCAACAGTCATCACTA
ATCTTCTTTCAGCAATCCCATATATTGGCACAAACCTAGTCGAATG

绵羊成分的基因扩增靶标参考序列（GenBank：NC_001941.1）：
ATAGGCTATGTTTTACCATGAGGACAAATATCATTCTGAGGAGCAACAGTTATTACCA
ACCTCCTTTCAGCAATTCCATATATTGGCACAAACCTAGTCGAATG

马成分的基因扩增靶标参考序列（GenBank：NC_001640.1）：
AGACCCAGACAACTACACCCCAGCTAACCCTCTCAGCACTCCCCCTCATATTAAACCA
GAATGGTACTTCCTGTTTGCCTACGCCATCCTACGCTCCATTCCCAACAA

驴成分的基因扩增靶标参考序列（GenBank：NC_001788.1）：
AGACCCAGACAACTACACCCCAGCTAACCCCCTCAGCACTCCCCCTCATATTAAGCCA
GAATGGTATTTCCTATTTGCTTACGCCATCCTACGCTCCATTCCCAACAA

骆驼成分的基因扩增靶标参考序列（GenBank：NC_009629.2）：
ACAGGCTCTAATAACCCGACAGGAATCTCCTCAGACATAGACAAAATCCCATTCCAC
CCCTACTACACAATTAAAGACATCCTAGGAGCACTGCTACTAGTACTAATTCTCCTTA
TTCTCGTACTGTTCTCACC

100％骆驼生乳加工制品的生产、加工与标识要求

Requirements for production，processing，labeling of 100％ camel raw milk products

标 准 号：T/TDSTIA 036—2023
发布日期：2023-08-10　　　　　　实施日期：2023-08-12
发布单位：天津市奶业科技创新协会

前　　言

本文件按照 GB/T 1.1—2020《标准化工作导则　第 1 部分：标准化文件的结构和起草规则》的规定起草。

请注意本文件的某些内容可能涉及专利。本文件的发布机构不承担识别专利的责任。

本文件由国家奶业科技创新联盟提出并归口。

本文件起草单位：中国农业科学院北京畜牧兽医研究所、农业农村部奶产品质量安全风险评估实验室（北京）、农业农村部奶及奶制品质量监督检验测试中心（北京）、国家奶业科技创新联盟、中优乳奶业研究院（天津）有限公司、新疆旺源驼奶实业有限公司、新疆农业科学院农业质量标准与检测技术研究所。

本文件主要起草人：屈雪寅、郑楠、陈钢粮、刘慧敏、张养东、王加启、赵艳坤、张宁、杨文君、王淑娟。

100%骆驼生乳加工制品的生产、加工与标识要求

1 范围

本文件规定了 100%骆驼生乳加工制品的生产、加工与标识要求。

本文件适用于仅以骆驼生乳为原料，经加工、生产的特色乳制品。

2 规范性引用文件

下列文件中的内容通过文中的规范性引用而构成本文件必不可少的条款。其中，注日期的引用文件，仅该日期对应的版本适用于本文件；不注日期的引用文件，其最新版本（包括所有的修改单）适用于本文件。

T/TDSTIA 034 骆驼生乳

T/TDSTIA 035 奶真实性鉴定

3 术语和定义

下列术语和定义适用于本文件。

3.1 100%骆驼生乳加工制品 100% camel raw milk products

仅以骆驼生乳为原料的加工制品。

4 生乳生产

4.1 饲养

泌乳骆驼应分栏饲养，与其他奶畜生产单元的边界应清晰。

4.2 挤奶

泌乳骆驼应单独挤奶。设备、管道、容器单独使用。

4.3 贮存及运输

骆驼生乳应单独存放贮奶罐和运输罐。当贮奶罐和运输罐在不同时间段存放其他奶畜生乳时，应充分清洗后，再使用。

4.4 质量

骆驼生乳应符合 T/TDSTIA 034 要求。

5 加工

5.1 原料

5.1.1 基本要求

5.1.1.1 仅以骆驼生乳为加工的原料乳。

5.1.1.2 骆驼原料乳的贮存应在空间或时间与其他奶畜的原料乳贮存分开，并示有标记。

5.1.2 掺假检验

原料乳样品从加工厂大罐抽取，每批检验。采用 T/TDSTIA 035 方法检测，不应检出牛、羊源性畜奶成分。

5.2 加工过程

5.2.1 骆驼生乳加工制品的加工过程应在空间或时间与其他奶畜奶加工过程分开。

5.2.2 加工过程中的管路不宜与其他奶畜加工制品共用。

5.2.3 加工过程仅使用杀菌、灭菌、浓缩、干燥等工艺，不应加入其他的原料及配料。

5.3 产品

5.3.1 基本要求

需满足相应的骆驼乳加工制品标准。

注：部分骆驼乳加工制品相关标准见附录 A。

5.3.2 掺假检验

加工制品每季度检验。采用 T/TDSTIA 035 方法检测，不应检出奶牛、水牛、牦牛、山羊、绵羊、马、驴源性畜奶成分。

6 标识

6.1 标识的标注应符合国家有关法律法规、标准要求。

6.2 100%骆驼生乳加工制品系列标识仅用于按照本标准的要求生产或加工的并获得认证的 100%骆驼生乳加工制品。

6.3 由 100%骆驼生乳为原料加工的乳制品，认证标志如下：

颜色：红色 R＝20、G＝10、B＝44；

黄色 R＝255、G＝246、B＝127；

中长方形宽与高比例：132∶84；

半圆半径与下正方形比：96∶84；

字体："中优乳认证"为方正书宋、"优质乳工程"为方正黑体。

图1　100%骆驼生乳原料认证标志

附录 A
（资料性）
部分骆驼乳加工制品相关标准

表 A.1　部分骆驼乳加工制品相关标准

产品名称	相应标准
巴氏杀菌驼乳	DBS 65/011 食品安全地方标准　巴氏杀菌驼乳
灭菌驼乳	DBS 65/012 食品安全地方标准　灭菌驼乳
	DBS 15/017 食品安全地方标准　灭菌驼乳
驼乳粉	DBS 65/014 食品安全地方标准　驼乳粉
	DBS 15/016 食品安全地方标准　驼乳粉
	RHB 903 驼乳粉

生鲜驼乳采集规程
Code of practice for collection of fresh camel milk

标 准 号：T/IMAS 046—2022
发布日期：2022-07-05　　　　　　　　实施日期：2022-07-06
发布单位：内蒙古标准化协会

前　言

本文件按照 GB/T 1.1—2020《标准化工作导则　第 1 部分：标准化文件的结构和起草规则》的规定起草。

本文件由内蒙古腾合泰沙驼产业有限责任公司提出。

本文件由内蒙古标准化协会归口。

本文件起草单位：内蒙古民族文化产业研究院、包头轻工职业技术学院、内蒙古腾合泰沙驼产业有限责任公司、内蒙古自治区市场监督管理审评查验中心。

本文件主要起草人：董杰、鲁永强、好斯毕力格、全小国、李亚楠、胡晓蓉、王文磊。

生鲜驼乳采集规程

1 范围

本文件规定了生鲜驼乳采集的挤奶设备的选择、挤奶骆驼驯化过程、采集前的准备、采集操作、挤奶设备的清洗及维护保养、生鲜驼奶的贮存、记录。

本文件适用于以机械化采集生鲜驼乳的过程。

2 规范性引用文件

下列文件中的内容通过文中的规范性引用而构成本文件必不可少的条款。其中，注日期的引用文件，仅该日期对应的版本适用于本文件；不注日期的引用文件，其最新版本（包括所有的修改单）适用于本文件。

GB 4806.9 食品安全国家标准 食品接触用金属材料及制品

GB 5749 生活饮用水卫生标准

GB/T 8186 挤奶设备 结构与性能

GB 18596 畜禽养殖业污染物排放标准

3 术语和定义

下列术语和定义适用于本文件。

3.1 泌乳期 lactating period

母骆驼产驼羔后，从泌乳开始至泌乳结束的整个时期。

3.2 挤奶量 milk yield

泌乳期内一峰母骆驼每次挤奶所得的奶量。

3.3 产奶量（全泌乳期乳量）milk production

母骆驼个体自产驼羔后开始至下次临产前干乳为止的产奶量累积总和。

3.4 驯化 domestication

指对产羔母骆驼进行机械化挤奶适应性训练的过程。

4 挤奶设备的选择

4.1 挤奶设备包括驼乳收集、冷却、贮存和运输等配套设备。

4.2 挤奶设备应满足骆驼养殖场挤奶需求，可选用移动式挤奶车、管道式挤奶机、鱼骨式挤奶台、并列式挤奶台等。

4.3 挤奶设备性能应安全可靠，符合骆驼乳房及骆驼挤奶的特点，宜具备奶量计量功能，结构与性能应符合 GB/T 8186 的要求。

5 挤奶骆驼驯化过程

5.1 初期驯化

产羔母骆驼养殖场地适应性驯化 7~10 天。

5.2 室外驯化通道驯化

经初期驯化的母骆驼进入专用的室外驯化通道进行驯化，驯化项目包括挤奶通道内行走、停留、抚摸乳房驯化、母驼幼羔吮吸刺激排乳驯化、挤奶设备适应性驯化，持续30~45天。

5.3 室内驯化通道驯化

5.3.1 经室外驯化通道驯化的母骆驼进入室内驯化通道进行挤奶适应驯化，驯化项目包括室外驯化通道驯化的所有项目。

5.3.2 经室内驯化通道驯化合格的母骆驼可以作为符合挤奶要求的骆驼分群分批依次进行挤奶。

6 采集前的准备

6.1 环境要求

6.1.1 挤奶厅应建在地势平坦干燥、排水良好、未被污染的地方。

6.1.2 挤奶骆驼出入挤奶厅时的行走路线应合理，避免出入的挤奶骆驼互相干扰。

6.1.3 挤奶厅地面应经久耐用、防滑、易清洁。

6.1.4 挤奶厅应通风良好，光照强度适宜。

6.1.5 水质应符合 GB 5749 的要求。

6.1.6 电气等应符合防爆防漏等安全要求。

6.1.7 保持挤奶厅墙面、地面、门、窗清洁，地面无积水，下水道畅通、无堵塞。

6.2 人员要求

6.2.1 挤奶员应身体健康，持有区县级及以上疾病预防控制管理部门出具的健康证明，做到每年体检一次，布鲁氏菌病和结核病检测合格。

6.2.2 挤奶员要穿戴专门的工作服、围裙、雨靴、帽子、口罩等，禁止长发外露、佩戴首饰等物品，并经洗手消毒或佩戴乳胶手套，注重个人卫生。

6.2.3 挤奶员上岗前要经过操作培训，认真执行挤奶操作流程，关爱骆驼，不应随意踢打、恐吓骆驼。骆驼挤奶驯化师应具有骆驼驯化经验和能力。

6.3 挤奶前设备清洗

每次挤奶前应根据挤奶设备、奶罐的容量，用清水清洗挤奶设备、贮奶罐一遍，水温应不低于80℃。清水水质应符合 GB 5749 的要求。

6.4 挤奶骆驼要求

6.4.1 5~25 岁产羔且经驯化后符合挤奶要求的母驼，分群分批依次进行挤奶。

6.4.2 挤奶前，放驼羔吮吸驼乳，以刺激母驼排乳。

6.4.3 25 岁以上骆驼不用于挤奶。

6.4.4 有疾病骆驼不用于挤奶。

6.4.5 低产奶量骆驼不用于挤奶。

6.4.6 驯化不合格骆驼不用于挤奶。

6.5 前药浴

6.5.1 使用国家许可的奶畜专用药浴液，现用现配，严格按照产品说明书进行配比和使用。

6.5.2 挤奶前使用前药浴液对乳头进行药浴，药浴液要覆盖整个乳头，可采用喷枪喷洒或浸泡的方式。

6.6 擦拭

6.6.1 使用一次性纸巾或毛巾彻底擦拭乳头，先擦拭前乳区乳头，再擦拭后乳区乳头。

6.6.2 使用毛巾擦拭乳头要求一峰骆驼用一条毛巾，每次用后必须洗净、消毒、烘干备用。

6.7 挤奶前检查

6.7.1 挤奶前先观察或触摸乳房外表，判断是否有乳房炎的症状（红、肿、热等），如发现乳房炎骆驼或有其他异常的骆驼要做好标记、不应继续挤奶，出挤奶厅后进行治疗。

6.7.2 手检奶的次数不应少于 3 把，使用专用的容器收集，并观察骆驼是否有异常，检查生乳是否正常，对异常乳的骆驼做好标记、不应继续挤奶，出挤奶厅后进行治疗。

7 采集操作

7.1 套杯

完成挤奶准备工作后，应在 10~30s 内将奶杯套到乳头上，套杯时避免空气进入。

7.2 挤奶

7.2.1 挤奶过程中应随时观察调整奶杯组使之处在适当的位置，避免出现滑杯漏气现象。

7.2.2 机械化挤奶时应保持挤奶厅安静，挤奶厅严禁非工作人员进入。

7.3 脱杯

7.3.1 挤奶完成后手动或自动脱杯。

7.3.2 如遇挤奶设备异常，立即关闭真空阀门或折叠奶管切断真空后方可摘除挤奶杯，以防止对乳头造成损伤。

7.4 挤奶后按摩

挤奶后可以对骆驼乳房按摩 10~15s，以保护骆驼乳房。

7.5 后药浴

7.5.1 挤奶完毕使用后药浴液浸泡或喷洒乳头，药浴液应覆盖整个乳头，采用喷枪喷洒或浸泡的方式。

7.5.2 在冬天低温天气时，应使用含有防冻成分的乳头药浴液。

7.6 挤奶厅清理

挤奶期间及挤奶结束后，及时清理粪污，保持挤奶厅清洁。

8 挤奶设备的清洗及维护保养

8.1 清洗程序

8.1.1 先用温水冲洗，水温在 35~45℃。

8.1.2 用专用的碱液循环清洗，开始时温度保持在 75~85℃，碱液 pH 值在 11.5~12.5，结束时水温不低于 40℃，碱洗时间不少于 5min。

8.1.3 碱液循环清洗后，再用温水冲洗，水温在 35~45℃。

8.1.4 用专用的酸液循环清洗，开始时温度保持在 60~70℃，酸液 pH 值在 2.5~3.5，结束时水温不低于 20℃，酸洗时间不少于 5min。

8.1.5 最后用温水或清水冲洗，时间不少于 5min。

8.2 清洗效果验证

清洗完毕后用酸碱 pH 试纸进行检测，检查奶杯、集乳器、奶杯组所有奶管、奶杯座、打奶管、计量瓶、计量瓶取样口、流量计、集乳罐、奶泵、制冷罐、搅拌叶、过滤器、过滤布、阀门、垫圈不应有奶垢、奶渍、异味、细沙等。

8.3 挤奶设备的维护保养

8.3.1 挤奶内衬及时更换。

8.3.2 奶管、脉动管每年更换 1 次，真空过滤网及真空调节器滤网每周清洗 1 次。

8.3.3 其他操作参考厂家的挤奶机保养手册。

8.3.4 清洗挤奶设备的污水处理，应符合 GB 18596 的要求。

9 生鲜驼奶的贮存

9.1 奶驼基地应配置制冷罐，用于贮存鲜奶。

9.2 挤出的鲜奶应在 1h 内降温至 0~4℃，密闭贮存在贮奶罐中。

9.3 贮奶罐的材质应符合 GB 4806.9 的要求。

10 记录

做好挤奶设备的使用、消毒、维护等记录，记录分析骆驼的泌乳曲线，做好挤奶过程中标记的异常骆驼的交接记录。

【企业标准】

生驼乳贮运技术规程

标 准 号：Q/AFT/001—2022
发布日期：2022-04-14　　　　　　　实施日期：2022-04-15
发布单位：新疆阿方提乳业有限公司

前　　言

本标准依据 GB/T 1.1—2020《标准化工作导则　第 1 部分：标准化文件的结构和起草规则》的规定起草。

请注意本文件的某些内容可能涉及专利。本文件的发布机构不承担识别专利的责任。

本文件由新疆塔城地区食品药品检验所、塔城地区农产品质量安全检验检测中心、新疆阿方提乳业有限公司提出。

本文件由新疆塔城地区食品药品检验所、塔城地区农产品质量安全检验检测中心、新疆阿方提乳业有限公司归口。

本文件起草单位：新疆塔城地区食品药品检验所、塔城地区农产品质量安全检验检测中心、新疆阿方提乳业有限公司。

本文件主要起草人：邓星星、刘维维、宋军。

本文件为首次发布。

生驼乳贮运技术规程

1 范围

本标准规定了生驼乳收购站、奶畜养殖场（小区）、乳制品生产企业的生驼乳贮存和运输技术要求。本标准适用于生驼乳的贮存和运输。

2 规范性引用文件

下列文件对于本文件的应用是必不可少的。凡是注日期的引用文件，仅所注日期的版本适用于本文件。凡是不注日期的引用文件，其最新版本（包括所有的修改单）适用于本文件。

GB 5749　　生活饮用水卫生标准

GB/T 10942　散装乳冷藏罐

GB 19301　　食品安全国家标准　生乳

《乳品质量安全监督管理条例》2008 年 10 月 9 日国务院令第 536 号《生鲜乳生产收购管理办法》2008 年 11 月 7 日农业部令第 15 号

3 术语和定义

下列术语和定义适用于本文件。

3.1 生驼乳

从正常饲养的、经检疫合格的、无传染病和乳房炎等符合国家有关要求的健康母驼乳房中挤出的无任何成分改变的常乳。产驼羔后 30 天内的乳、使用抗生素期间和休药期间的乳汁、变质乳不应用作生乳。

3.2 生驼乳收购站

符合《乳品质量安全监督管理条例》和《生鲜乳生产收购管理办法》条件要求并依法取得所在地区（县）级人民政府畜牧兽医主管部门核发的生鲜乳收购许可证的单位。

4 生驼乳的贮存

4.1 贮存设施设备

4.1.1　生驼乳收购站、奶畜养殖场（小区）、乳制品生产企业应配备与收奶量相适应的直冷式或带有制冷系统的贮奶罐。

4.1.2　贮奶罐应符合 GB/T 10942 的要求，制冷能力应在 2h 内将存生驼乳冷却至 0~4℃。

4.1.3　应做好贮奶罐的日常保养、维护和检测，定期进行全面维护保养，保持其性能指标符合 GBT 10942，对于不符合标准的贮奶罐及时报废更新。

4.1.4　贮奶间应通风防尘，墙面贴防水瓷砖或做防水处理，地面硬化，排水良好，保持清洁无积水，贮奶间污水的排放口需距贮奶间 15m 以上或将污水排入暗沟。

4.1.5　贮奶间只能放置贮奶罐及其附属设备，不得堆放任何化学物品和杂物。

4.1.6 贮奶间应有防鼠防虫措施，用于防鼠防虫的产品和设施应对人和环境安全没有危害。

4.1.7 贮奶间有条件的可以安装监控设施。

4.1.8 贮奶间、贮奶罐及其附属设备应保持清洁卫生。

4.2 贮存要求

4.2.1 生驼乳入罐过程中不得与有毒、有害、挥发性物质接触，贮奶罐应保持密闭状态。

4.2.2 贮存的生驼乳应符合 GB 19301 的要求，贮存过程中不得添加任何物质。

4.2.3 挤出的生驼乳应在 2h 之内冷却到 0~4℃。贮奶罐内生驼乳温度应保持 0~4℃。生驼乳挤出后在贮奶罐的贮存时间应不超过 48h。

4.2.4 在生驼乳贮存过程中，管理人员应经常检查贮奶罐温度、设备运转及奶罐盖电子锁的锁止情况，并做好记录。

4.3 清洗消毒

4.3.1 清洗用水应符合 GB 5749 的要求。

4.3.2 清洗剂应对人和环境安全没有危害，对生驼乳无污染。

4.3.3 贮奶罐清洗消毒后超过 96h 未使用的需在再次使用前，按照下列程序清洗消毒：

　　a）预冲洗。用清洁的常温水进行冲洗，不加任何清洗剂。预冲洗过程循环冲洗到水变清为止。

　　b）碱酸交替清洗。预冲洗后立刻用 1.2%~1.5% 的氢氧化钠溶液循环清洗 20~30min。碱洗温度最低温度 80℃，在碱洗的温度、浓度、流量均满足要求，且循环清洗时间计时结束后，对罐子重新进行清水冲洗，直到电导率跟清水电导率一致后可继续进行酸洗，酸洗液为 0.8%~1.2% 的稀硝酸，循环清洗 15~20min，酸洗温度在 60~80℃，在酸洗的温度、浓度、流量均满足要求，且循环清洗时间计时结束后，对罐子进行清水冲洗，直到电导率跟清水电导率一致，视管路系统清洁程度，碱洗与酸洗可多次交替进行。碱（酸）交替清洗完毕后，再用洁净水冲洗至电导率跟洁净水一致。清洗完毕管道内不应留有残水。

　　c）清洗结束后，用 95℃ 的热水对罐子进行 20min 的热水循环消毒，之后把热水排放掉，待罐子自然冷却至常温可用于下一轮储奶。

4.3.4 奶泵、奶管、阀门等附属设施应每周至少 2 次浸泡、通刷、消毒。

4.3.5 贮奶罐及附属设施清洗消毒后，应做好清洗消毒记录。

5 生驼乳的运输

5.1 运输资质

5.1.1 运输生驼乳的车辆应当取得所在地区（县）级人民政府畜牧兽医主管部门核发的生鲜乳准运证明。无生鲜乳准运证明的车辆，不得从事生驼乳运输。

5.1.2 从事生驼乳运输的驾驶员、押运员应持有有效的健康证明，并具有保持生驼乳质量安全的基本知识。

5.2 运输设备

5.2.1 车载贮奶罐应隔热、保温。内壁材料应符合 GB/T 10942 的要求。

5.2.2 车载贮奶罐外壁应用坚硬、光滑、防腐、可冲洗的防水材料制造。

5.2.3 车载贮奶罐密封材料应具有耐脂肪、耐清洗剂和无毒的性能。

5.2.4 车载贮奶罐顶盖装置、通气和防尘罩应设计合理。

5.2.5 生驼乳运输车辆应定期检修，保持车辆运行状况良好。

5.2.6 生驼乳运输车辆只能用于运送生乳和饮用水，不得运输其他物品。

5.2.7 生驼乳运输车辆使用前后应及时清洗消毒，应无奶垢，无不良气味。

5.2.8 生驼乳运输车辆上安装全过程温度记录仪器。

5.3 运输要求

5.3.1 起运前

5.3.1.1 生驼乳运输车辆应携带本车的生驼乳准运证明和生驼乳交接单，交接单内容真实，不得漏项。

5.3.1.2 运输车贮奶罐内的生驼乳温度应保持6℃以下，贮奶罐铅封完好。

5.3.2 运输中

5.3.2.1 应保持运输车辆安全，不应人车分离。

5.3.2.2 不得开启铅封，不得向贮奶罐内加入任何物质。

5.3.3 卸载

5.3.3.1 检查贮奶罐铅封是否完好，生驼乳温度是否正常。

5.3.3.2 采集贮奶罐内的生驼乳样本进行检测，检测结果符合 GB 19301 要求的，方可卸载接收并做好检测记录。

5.3.3.3 生驼乳检测出含有违禁药物和物质的，按规定及时报告辖区畜牧兽医主管部门，并在其监督下予以销毁或采取其他无害化处理措施，做好不合格生驼乳处理记录。

5.4 清洗消毒

5.4.1 车载贮奶罐卸奶后应及时清洗消毒，贮奶罐内部清洗消毒程序见4.3.3。

5.4.2 生驼乳运输车辆应保持车体和罐体清洁。

5.4.3 生驼乳运输车辆进出奶畜养殖场（小区）时，按照防疫要求，应对车体和贮奶罐外部进行消毒。

5.4.4 清洗消毒后，应做好清洗消毒记录。

生驼乳生产技术规范

标 准 号：Q/AFT／002—2022
发布日期：2022-04-14　　　　　　　实施日期：2022-04-15
发布单位：新疆阿方提乳业有限公司

前　　言

本标准依据 GB/T 1.1—2020《标准化工作导则　第 1 部分：标准化文件的结构和起草规则》的规定起草。

请注意本文件的某些内容可能涉及专利。本文件的发布机构不承担识别专利的责任。

本文件由新疆塔城地区食品药品检验所、塔城地区农产品质量安全检验检测中心、新疆阿方提乳业有限公司提出。

本文件由新疆塔城地区食品药品检验所、塔城地区农产品质量安全检验检测中心、新疆阿方提乳业有限公司归口。

本文件起草单位：新疆塔城地区食品药品检验所、塔城地区农产品质量安全检验检测中心、新疆阿方提乳业有限公司。

本文件主要起草人：邓星星、刘维维、宋军。

本文件为首次发布。

生驼乳生产技术规范

1 范围

本文件规定了生驼乳生产相关的术语和定义、从业人员健康与卫生、养殖环境、奶畜、感官控制、理化指标控制、污染物控制、真菌毒素控制、微生物控制、体细胞数控制、农药残留和兽药残留控制、监控的技术要求。本文件适用于生驼乳生产及其牧场管理。

2 规范性引用文件

下列文件中的内容通过文中的规范性引用而构成本文件必不可少的条款。其中，注日期的引用文件，仅该日期对应的版本适用于本文件；不注日期的引用文件，其最新版本（包括所有的修改单）适用于本文件。

GB/T 19525.2—2004 畜禽场环境质量评价准则
GB/T 20014.8 良好农业规范 第8部分：奶牛控制点与符合性规范
GB/T 27342 危害分析与关键点（HACCP）体系 乳制品生产企业要求
NY/T 34 奶牛饲养标准
NY/T 388 畜禽场环境质量标准
NY/T 1242 奶牛场
HACCP 饲养管理规范
NY/T 3314 生乳中黄曲霉毒素 M_1 控制技术规范
NY/T 3462 全株玉米青贮霉菌毒素控制技术规范
NY/T 5030 无公害农产品 兽药使用准则
NY 5032 无公害食品 畜禽饲料和饲料添加剂使用准则
NY 5047 无公害食品 奶牛饲养兽医防疫准则

3 术语和定义

下列术语和定义适用于本文件。

3.1 生驼乳

从正常饲养的、经检疫合格的、无传染病和乳房炎等符合国家有关要求的健康母骆驼乳房中挤出的无任何成分改变的常乳。产驼羔后30天内的乳、使用抗生素期间和休药期间的乳汁、变质乳不应用作生乳。

4 从业人员健康与卫生

4.1 人员健康

4.1.1 患有传染性疾病、化脓性或渗出性皮肤病，以及其他有碍食品卫生疾病的人员，不应从事生乳相关的生产工作。

4.1.2 应持有健康合格证方可上岗；应至少每年进行健康体检并建立档案。

4.1.3 应建立并实施日常从业人员健康和卫生的管理制度，确保从业人员健康的有效性。

4.1.4　其他应符合 NY/T 1242 中人员的规定。

4.2　人员卫生

4.2.1　应穿戴整洁合适的工作服；挤奶员工应额外佩戴工作帽、不应涂抹化妆品、不应喷洒或涂抹香水等散发气味的物品。

4.2.2　不应在生产区抽烟和喝酒。

4.2.3　与生乳有接触的员工的手和臂应清洁和干燥。

4.2.4　有外伤的挤奶员工应暂时调离岗位。

4.2.5　其他应符合 GB/T 20014.8 的规定。

5　养殖环境

5.1　场址和布局

5.1.1　防疫应符合 NY 5047 的规定。

5.1.2　场址环境和卫生应符合 GB 16568 和 NY/T 388 的规定。

5.2　水源

应满足清洁和饮用的需要，水源质量应符合 GB 5749 的规定。

5.3　环境卫生

应达到 GB/T 19525.2—2004 中Ⅲ级（安全级）以上。

6　骆驼奶畜

6.1　健康

应健康无疫病，结核病、布鲁氏菌病等疫病的监测应符合《2014 年国家动物疫病监测与流行病学调查计划》的规定。

6.2　调运

（1）调入奶畜来源地应 6 个月内无疫病。

（2）运输前，应隔离饲养 30 天以上，并且经过当地管理部门检疫合格。

（3）运输过程不应与其他畜禽接触，不应在疫区车站，港口和机场装填饲草料、饮水和其他物资。

（4）并群饲养前，应隔离饲养 30 天以上，经过当地管理部门检疫合格。

7　感官控制

7.1　色泽

7.1.1　患乳房炎骆驼奶畜不应与健康骆驼奶畜在同一挤奶台挤奶。

7.1.2　不应过度挤奶，导致乳头破裂，血液混入贮奶罐。

7.1.3　清洗用水，应无肉眼可见变化颜色、新鲜、无异味。

7.1.4　管道、贮奶罐和运奶罐不应残留有清洗用酸液和碱液。

7.2　滋味和气味

7.2.1　贮奶间

7.2.1.1　应处于牧场的上风向。

7.2.1.2　应远离堆粪棚、氧化塘和青贮饲料存储区域。

7.2.1.3　不应放置酸液、碱液等化学品和其他有气味的设备设施。

7.2.1.4　门、窗应装配完整、严密；通风良好，宜强制通风。

7.2.1.5　下水道应保持通畅，清洁无异味，无其他废弃物流入或浊气逸出。

7.2.2　挤奶

7.2.2.1　应按照前药浴、三把奶、擦拭、上杯、后药浴等操作规范执行。

7.2.2.2　宜使用一次性纸巾擦拭；选用毛巾擦拭，应每班次对毛巾进行清洗消毒。

7.2.2.3　乳头擦拭应规范，不应漏擦拭和擦拭不彻底。

7.2.2.4　挤奶时，畜舍内或挤奶厅内不应进行消毒或化学性灭蝇工作。

7.2.3　设备设施

7.2.3.1　与生驼乳直接接触的管道、连接件、泵、橡胶件等设施设备应使用食品级材质。

7.2.3.2　挤奶管道、运输管道、贮奶罐等与生驼乳接触的设备设施，新安装或是改造后，应对与生驼乳接触的内管壁进行检查，焊接点、内壁、弯道连接处等应无毛刺、无凸点、无凹点。

7.2.3.3　每班次挤奶结束后，应对奶水分离器及其上方真空管道进行清洗，无奶垢残留，无异味。

7.2.3.4　真空盛气筒应每月检查，无废液，无异味。

7.2.3.5　每班次挤奶结束后，应对与生驼乳接触的设备设施进行清洗、消毒。

7.2.4　贮存运输

7.2.4.1　生驼乳入贮奶罐方式，应从贮奶罐专用孔道进入贮奶罐，挤奶时不应将输奶管直接放到贮奶罐下方；挤奶结束后，专用孔道应用不锈钢孔盖或食品级塞子密封。

7.2.4.2　贮奶罐上方罐盖，应处于密闭状态。

7.2.4.3　贮奶罐配备搅拌设施，贮存生乳期间，不应停止搅拌。

7.3　组织状态

生驼乳入贮奶罐前，应通过直径0.150mm（100目）的滤网；每班次挤奶前，应更换滤网。

8　理化指标控制

8.1　冰点和相对密度

8.1.1　不应向生驼乳中兑水。

8.1.2　贮奶罐、管道和运奶罐等与生驼乳接触的设施设备，不应残留水。

8.2　蛋白质和脂肪

8.2.1　饲料与营养

8.2.1.1　选用的饲料原料，应符合农业农村部《饲料原料目录》的要求。

8.2.1.2　选用的饲料添加剂，应符合农业农村部《饲料添加剂品种目录》的要求。

8.2.1.3　饲料卫生应符合GB 13078的规定。

8.2.1.4　饲料及饲料添加剂的使用，应符合NY 5032的规定。

8.2.1.5　不同饲养阶段的骆驼奶畜，应制定相对应的营养配方，日粮配方宜符合NY/T 34的规定。

8.2.1.6　温湿度指数大于 72 时，应执行防暑降温程序。

8.2.1.7　热应激时，应适当提高日粮营养浓度，增加优质粗饲料比例，降低粗饲料的切碎长度；宜降低饮用水和喷淋用水的温度。

8.2.2　管理

应减少骆驼的应激，维持胃中的微生物稳态。

9　污染物控制

9.1　通用要求

应建立污染物控制检查考核制度。

9.2　饮用水

贮水塔等贮水设施应每季度清洗消毒 1 次，不应受到外源污染物污染；饮水槽应每日清洗，不应有外源污染物污染。

9.3　饲料

饲料原料使用前，应检查污染物含量，符合 GB 13078 的规定。

9.4　环境

骆驼舍应通风良好，无氨气等异味蓄积，应符合 GB 3095 的规定。

10　真菌毒素控制

10.1　通用要求

应符合 NY/T 3314 和 NY/T 3462 的规定。包括但不限于如下要求。

10.2　饲料

10.2.1　水分含量要求

植物性能量饲料原料水分含量应小于等于 13%，植物性蛋白饲料原料水分含量应小于等于 12%，秸秆、干草等粗饲料水分含量应小于等于 14%。

10.2.2　黄曲霉毒素 B_1 含量要求

10.2.2.1　应符合 GB 13078 的规定。

10.2.2.2　泌乳期精料补充料中黄曲霉毒素 B_1 的含量应小于等于 10μg/kg（以干物质计）。

10.2.2.3　青贮饲料中黄曲霉毒素 B_1 的含量应小于等于 20μg/kg（以干物质计）。

10.2.2.4　TMR 日粮中黄曲霉毒素 B_1 的含量应小于等于 15μg/kg（以干物质计）

10.2.2.5　湿酒糟和湿果渣等湿料原料，宜在 1~2 天内使用完毕。

11　微生物控制

11.1　清洗消毒

11.1.1　通用要求

对挤奶、生驼乳储存和运输设备设施，牧场应制定和执行清洗消毒制度与管理操作程序。包括但不限于如下要求。

11.1.2　挤奶设施

11.1.2.1　挤奶操作前，应进行消毒，消毒用热水温度应达到 80℃以上。

11.1.2.2　挤奶操作后，应每班次进行碱洗，碱洗后，清洗管道排出的水应无碱液残留，pH 值呈中性。

11.1.2.3　挤奶设施宜每 3 天进行一次酸洗，酸洗后，清洗管道排出的水应无酸液残留，pH 值呈中性。

11.1.3　储存设施和运输设备

11.1.3.1　储存设施和运输设备宜配备原位清洗（CIP）系统，并符合 GB/T 27342 的规定。

11.1.3.2　每次使用前，应进行清洗消毒，消毒用热水温度进口应达到 80℃ 以上，出口应不低于 40℃。

11.1.3.3　贮奶罐应每天清空，清洗、消毒。

11.2　挤奶

11.2.1　发现异常的奶畜，应隔离检查。

11.2.2　药浴液应现配现用

11.2.3　使用药浴杯的牧场，宜使用止回流药浴杯；宜每 20 头骆驼更换一次清洗后的药浴杯，且药浴杯的容积宜越小越好。

11.3　储存

11.3.1　宜安装温度自动监控记录仪；应定期校正温度计精度。

11.3.2　生驼乳挤出后，应在 2h 内降温至 0~4℃，宜选用速冷设备进行冷却；24h 内，奶温升高不宜超过 2℃。

11.3.3　冷却后的生驼乳与刚挤出的生驼乳混合后的温度不应超过 10℃，混合后 1h 内降温至 0~4℃。

11.3.4　应每班次对贮存容器进行温度验证，当实际采样测温与奶缸显示温度差异 1℃ 以上时，应查找原因，并及时纠偏。

11.4　运输

11.4.1　运输车罐体材质和保温性能应符合食品安全要求。

11.4.2　生驼乳从挤奶到运抵乳品加工企业不宜超过 24h。

11.4.3　运输过程中生驼乳温度应控制在 0~6℃。

12　体细胞数控制

12.1　乳房炎控制

应建立个体泌乳奶畜的隐性乳房炎和临床乳房炎揭发制度，及时治疗隐性乳房炎检测结果呈强阳性的奶畜。

12.2　骆驼奶畜的淘汰和隔离

宜淘汰连续 3 个月以上体细胞数超过 100 万个/mL，且无乳链球菌和金黄色葡萄球菌检测阳性的泌乳骆驼，宜隔离治疗连续 3 个月以上体细胞数超过 50 万个/mL 的泌乳骆驼。

13　农药残留和兽药残留控制

13.1　农药

饲料原料的农药残留量应符合 GB 13078 的规定。

13.2 兽药

13.2.1 兽药选用

应符合 GB 31650、NY/T 5030、《兽用处方药品种目录》《乡村兽医基本用药目录》等的相关规定，不应标签外用药或使用人用药。

13.2.2 休药期

13.2.2.1 休药期见《兽药国家标准和部分品种的停药期规定》。

13.2.2.2 未规定休药期的品种，应遵守休药期不短于 7 天的规定。

13.2.2.3 休药期内泌乳骆驼应隔离挤奶，挤出的驼奶应废弃处理。

14 监控

14.1 组批

以装载在同一贮奶单元中的产品为同一组批。

14.2 抽样方式

在贮奶单元搅拌均匀后，分别从上部、中部、底部等量随机抽取，或在奶槽车出料时前、中、后等量抽取，混合后分成 2 份，密封包装，交由检测单位进行检测。

14.3 纠偏

应根据骆驼场实际情况，设立相应指标的预警值、内控制和标准值，并且建立预警纠偏措施管理办法。

14.4 核实

采取纠偏措施后，应连续 3 天监控超过预警值的指标，核实措施应用效果。

14.5 记录

从业人员健康与卫生、养殖环境、骆驼奶畜、感官控制、理化指标控制、污染物控制、真菌毒素控制、微生物控制、体细胞数控制、农药残留和兽药残留控制等可量化的关键点应记录，记录至少保存 2 年。